计量检测技术与应用丛书

压力计量检测技术与应用

主　编　贺晓辉　张　克
副主编　胡安伦　陈　宇　何　欣　马晓春
参　编　赵中华　宋承志　周毅冰　王金锁　何　放　沈燕春
　　　　孙翠玲　陈明军　余宏坤　李海燕　陈　洁
主　审　汪洪军　吴安平

机械工业出版社

本书系统地介绍了压力计量的基本概念、计量单位、测量原理以及量值传递方式，围绕各种压力计量器具的不同特点，着重阐述了压力仪器仪表的基本结构、工作原理、计量方法和维护方式，在此基础上介绍了不同应用场景下的使用案例。主要内容包括：压力计量基础、流体静力学基础、液柱式压力计、活塞式压力计、弹性元件式压力仪表、电测式压力仪表、数字压力计、大气压力测量仪表、真空压力计。本书内容翔实，图文并茂，实用性强，可帮助读者快速掌握压力计量检测的相关技术。

本书可供计量部门和化工、电力、机械、气象、医药等领域的压力计量测试人员使用，也可供相关专业的在校师生参考。

图书在版编目（CIP）数据

压力计量检测技术与应用/贺晓辉，张克主编. —北京：机械工业出版社，2021.12

（计量检测技术与应用丛书）

ISBN 978-7-111-69554-7

Ⅰ.①压…　Ⅱ.①贺…②张…　Ⅲ.①压力计量②压力计量－计量仪器－检测　Ⅳ.①TB935

中国版本图书馆 CIP 数据核字（2021）第 237098 号

机械工业出版社（北京市百万庄大街 22 号　邮政编码 100037）

策划编辑：陈保华　　　　责任编辑：陈保华　章承林

责任校对：郑　婕　李　婷　封面设计：马精明

责任印制：郜　敏

三河市宏达印刷有限公司印刷

2022 年 1 月第 1 版第 1 次印刷

184mm×260mm · 12 印张 · 2 插页 · 219 千字

0 001—3 500 册

标准书号：ISBN 978-7-111-69554-7

定价：59.00 元

电话服务　　　　　　　　　网络服务

客服电话：010－88361066　机　工　官　网：www.cmpbook.com

　　　　　010－88379833　机　工　官　博：weibo.com/cmp1952

　　　　　010－68326294　金　书　网：www.golden－book.com

封底无防伪标均为盗版　　机工教育服务网：www.cmpedu.com

丛书编审委员会

张俊峰　苏州市计量测试院　院长
季启政　中国航天科技集团五院514所静电事业部　部长
周秉直　陕西省计量科学研究院　总工程师
郑安刚　中国电力科学研究院计量研究所　总工程师
胡　波　国家海洋标准计量中心计量检测中心　高级工程师
黄希发　国家体育总局体育科学研究所体育服务检验中心　副主任
焦　跃　北京节能环保促进会　副会长
管立江　大同市综合检验检测中心　主任
薛　诚　中国医学装备协会医学装备计量测试专业委员会　副秘书长

本书编审委员会

本书合作企业

丛书序

计量是实现单位统一、保证量值准确可靠的活动，关系国计民生，计量发展水平是国家核心竞争力的重要标志之一。计量也是提高产品质量、推动科技创新、加强国防建设的重要技术基础，是促进经济发展、维护市场经济秩序、实现国际贸易一体化、保证人民生命健康安全的重要技术保障。因此，计量是科技、经济和社会发展中必不可少的一项重要技术。

随着我国经济和科技步入高质量发展阶段，目前计量发展面临新的机遇和挑战：世界范围内的计量技术革命将对各领域的测量精度产生深远影响；生命科学、海洋科学、信息科学和空间技术等的快速发展，带来了巨大计量测试需求；国民经济安全运行以及区域经济协调发展、自然灾害有效防御等领域的量传溯源体系空白须尽快填补；促进经济社会发展、保障人民群众生命健康安全、参与全球经济贸易等，需要不断提高计量检测能力。夯实计量基础、完善计量体系、提升计量整体水平已成为提高国家科技创新能力、增强国家综合实力、促进经济社会又好又快发展的必然要求。

计量检测活动已成为生产性服务业、高技术服务业、科技服务业的重要组成内容。“十三五”以来，我国相继出台了一系列深化检验检测改革、促进检验检测服务业发展的政策举措。随着计量基本单位的重新定义，智能化、数字化、网络化技术的迅速兴起，计量检测行业呈现高速发展的态势，竞争也将越来越激烈。这一系列变化让计量检测机构在人才、技术、装备等方面面临着前所未有的严峻考验，特别是人才的培养已成为各计量检测机构最为迫切的需求。

本套丛书围绕目前计量检测领域中的常规专业、重点行业、新兴产业的相关计量技术与应用，由来自全国计量和检验检测机构、行业科研技术机构、仪器仪表制造企业、医疗疾控等单位的技术人员编写而成。本套丛书可为计量检测机构的技术人员和管理人员提供技术指导，也可为科研机构、大专院校、生产企业的相关人员提供参考，对提高从业人员整体素质，提升机构技术水平，强化技术创新能力具有促进作用。

丛书编审委员会

前言

压力是最基本的物理量之一，也是国防、工业、气象、医疗等领域中最重要的参数之一，因此压力计量检测广泛应用于燃气能源、化工冶金、机械加工、航空航天、气象观测以及基础科研等领域。压力计量检测不仅关系到产品质量控制，也是安全生产、医疗卫生保障的重要方面。近年来，随着压力传感技术的不断发展，压力仪器仪表趋于数字化和智能化，测量过程自动化将成为未来的发展趋势。由于各学科、各领域对压力测量的要求越来越高，加之压力仪器仪表的更新迭代，因此加速压力计量的研究和发展十分必要。

本书共9章。第1章阐述了压力计量的基本知识，分别介绍了压力的概念、计量单位和量值传递系统；第2章阐述了与压力计量密切相关的流体静力平衡原理和基本方程式；第3~9章阐述了液柱式压力计、活塞式压力计、弹性元件式压力仪表、电测式压力仪表、数字压力计、大气压力测量仪表以及真空压力计的基本结构和测量原理，根据不同类型压力仪表的计量特性，分别介绍了它们各自的计量方法和使用维护方式，并在此基础上给出了典型的应用案例。

鉴于压力仪表类型多样，应用广泛，为使本书兼具实用性和先进性，书中除介绍了常规压力仪表的计量技术以外，也对压力仪表自动检定技术及其标准装置给出了较为全面的介绍，在一定程度上体现了未来压力计量的发展方向。此外，对不再适应压力测量技术发展的仪表类型也给出了特别说明。

本书由贺晓辉、张克任主编，由胡安伦、陈宇、何欣、马晓春任副主编。全书结构设计由贺晓辉和张克负责。具体编写分工：第1章主要由马晓春、陈宇编写，第2、3章主要由胡安伦编写，第4章主要由胡安伦、陈宇编写，第5章主要由赵中华、何放编写，第6章主要由宋承志编写，第7章主要由何欣、周毅冰编写，第8章主要由周毅冰编写，第9章主要由王金锁编写；沈燕春、孙翠玲、陈明军、余宏坤、李海燕、陈洁参与了部分章节的编写与整理工作。全书由沈燕春统稿。

由于计量检测技术的不断发展，以及编者理论水平有限，书中难免存在缺点和不足之处，欢迎广大读者批评指正。

目录

第 1 章　压力计量基础

1

1.1　压力计量概述

随着科学技术的不断发展，压力计量测试技术也日新月异，不同原理、不同种类的压力仪器仪表在国民经济的各个领域得到了广泛的应用。无论在工业自动化控制领域，还是在国防、军工领域，以及石油、化工领域，都需要对压力进行测量和控制。只有正确地选用合适的、量值准确的压力仪器仪表来监测和控制压力的大小及变化，才能保障生产、生活和各种科研工作安全、顺利地进行。

在现代工业生产过程中，压力是一个非常重要的参数，为了保证生产的正常运行，必须对压力进行监测和控制。压力与温度、流量、液位等一起被称为工业自动化控制的四大要素，由此可见压力的重要性。通过监测生产过程中各个工序环节的压力变化，洞察产品或介质流程中的条件形成，监视生产运行过程中的安全动向，并通过自动联锁或传感装置，构筑一道迅速可靠的安全保障，可为防范事故、保障人身和财产安全发挥重要作用。

在国防工业中，导弹、飞机在空中飞行，首先需要了解飞行条件，才能计算设计参数，需要试验获得大气数据，才能准确计算飞行轨迹，保障导弹命中精度和飞机的飞行安全。各种飞行器的飞行高度测定、喷气飞机的速度控制、核潜艇的运行和潜水深度的探测都需要通过测量压力来获得。而在常规武器方面，也需要测量各种爆破时的动态压力，从而设计高效而又轻便的武器装备。

在气象工作中，大气压力的测量数据一直都是进行气象条件分析和天气预报的重要依据之一。

在科学研究中，压力的测量与控制也有着广泛的应用。例如在金属材料研究领域，高温高压环境下，合金晶体的生长与变化与金属合金的强度有着密切的关系。通过对合金材料进行高温高压过程的处理，可以研制各种新型的高强度材料。又例如微压传感器普遍存在灵敏度低的问题，而近些年，随着以石墨烯为代表的新材料的出现，其优良的受压变阻值特性使之在压力传感器领域的应用成为可能，性能优异的微压传感器可广泛应用于航空、航天、海洋、化工、医疗等领域，为这些领域重要参数的精确检测和测量提供了可靠的数据支撑。

综上所述，压力计量的基本任务，就是要保证在使用压力量值的各种场合下，其数据的准确可靠。因此，这就需要人们研究压力量值的最佳传递方法，研制各类基/标准仪器及装置、工作用计量器具，掌握压力仪器仪表的使用、维护和排除故障的方法，从而达到保证使用安全、提高产品质量的目的。

1.2　压力的概念与计量名词术语

在物理学中，将液体、气体（或蒸气）介质垂直作用于单位面积上的压力称为压强。因此，在物理学中压力是作用力的概念。工程技术上所用的压力名词与物理学中的压强是同一概念。本书所指的压力均是指工程技术中使用的名词。

压力计量中的测量压力又称压强“p”，即垂直作用于单位面积上，而且均匀分布在此面积上的力，而不是通常所说的力“F”，如图 1-1 所示。压力基本公式为

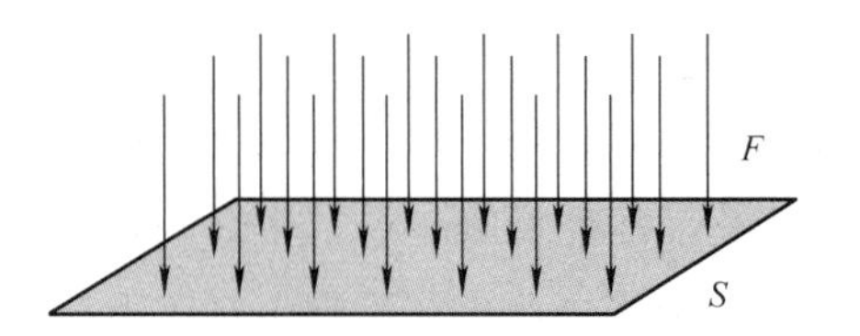

图 1-1　压力基本公式示意图

$$p = \frac{F}{S} \tag{1-1}$$

式中　p——作用的压力（Pa）；

F——作用力（N）；

S——作用面积（m^2）。

由式（1-1）可以看出，压力 p 的大小，不仅与作用力 F 有关，而且与受力面积 S 的大小有关。例如：有一个 10N 的力作用在一个 $10m^2$ 的面积上，那么根据式（1-1）得到压力 p 为 1Pa，而同样是 10N 的力，作用在 $1m^2$ 的面积上，根据式（1-1）得到的压力 p 为 10Pa。由此可见，压力与受力面所受到的作用力成正比，与受力面积成反比。

下面介绍几个不同的压力概念：

（1）绝对压力　绝对压力是相对于绝对真空所测得的压力，即从完全的零压力开始所测得的压力。它是液体、气体或蒸气所处空间的全部压力，也叫不带条件

起算的全压力，或称以零压力作为参考压力的压力值。当然，得到完全真空是不可能的，因此一般说流体的绝对压力应是流体的压力与真空中残余压力的差值。但是，随着科学技术的发展，已经可能得到几乎接近完全真空。对一般压力计量测试而言，其真空度达到 10^{-1}Pa ~ 10^{-2}Pa，则可认为是完全真空，一般用 p_A 表示绝对压力。在科学领域，可以达到 10^{-11}Pa ~ 10^{-14}Pa。

（2）大气压力　大气压力就是地球表面上的空气柱重量所产生的压力，即围绕地球的大气层，由于它本身的重力对地球表面单位面积上所产生的压力。它随某一地点离海平面的高度，所处纬度和气象情况而变化，并且随着时间、地点的不同而变化，用符号 p_0 表示。

（3）表压力　表压力是指以大气压力为零点起算的、高于大气压的那部分压力。它等于高于大气压力的绝对压力与大气压力之差，又可以称为正表压或剩余压力。表压力一般用 p 或者 p_g 表示，所以 $p_g = p_A - p_0$。当绝对压力小于大气压力时，大气压力与绝对压力之差称为负压力（也称疏空或真空表压力），用 p_V 表示，所以，当 $p_A < p_0$ 时，则负压力 $p_V = p_0 - p_A$。

无论正表压还是负表压，其本质都是所测压力与大气压力的差值。人们把两个压力之间的差值称为差压，或者以大气压力以外的任意压力作为零点所表示的压力，用符号 p_d 表示。

图 1-2 所示为各种压力之间的关系。从图 1-2 中可见，各术语仅在所取的基准零点不同而已。绝对压力又称绝压，以绝对真空即真正的零压为基准点。在工程技术中，如气象用的气压计就是绝压计；在指示飞行高度时也用绝压计。

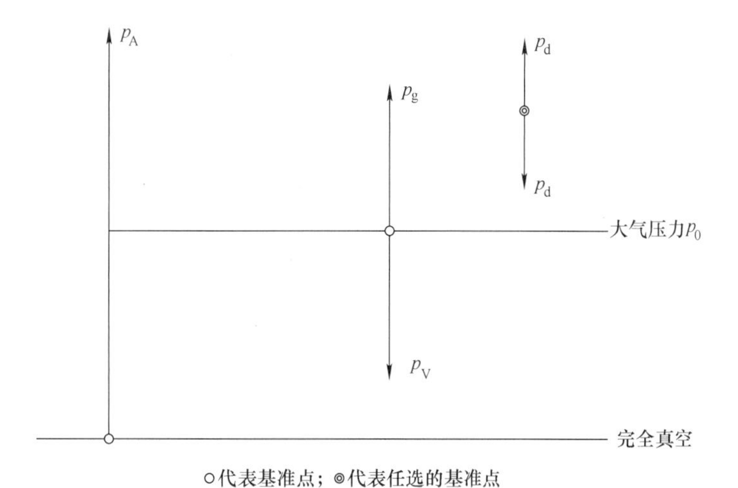

图 1-2　各压力之间的关系

从图 1-2 中还可以看出，绝对压力大于大气压力时，绝对压力是表压力与大气压力之和；当绝对压力小于大气压力时，绝对压力是大气压力与负压力之差。换而言之，若负压力取负值，则绝对压力也是大气压力与负压力之和；当绝对压力与大气压力相等时，只指示出大气压力。大气压力是绝对压力的一种表达方式。当 $p_A=p_0$时，$p_g=0$，即表压力为零，负压力也为零，故表压力或负压力都是以大气压力为基准零点进行测量的。

差压可以是某任意点作为基准零点所求出的两压力之差。实际上，表压也是差压，只不过此时将大气压力作为零对待而已。

（4）真空度　当绝对压力低于大气压力时的绝对压力称为真空度。绝对的真空是不存在的，因此按照绝对压力大小的不同，通常把真空范围划分为：低真空，真空度为 10^5Pa ~ 10^2 Pa；中真空，真空度为 10^2 Pa ~ 10^{-1} Pa；高真空，真空度为 10^{-1}Pa ~ 10^{-5} Pa；超高真空，真空度为 10^{-5} Pa ~ 10^{-9} Pa；极高真空，真空度为 10^{-9}Pa 以下。

（5）静压　不随时间变化的压力称为静压。当然，绝对不变化是不可能的，因此规定压力随时间的变化，每秒钟为压力计分度值的 1%，或每分钟在 5% 以下变化的压力均可称为静压。

（6）动压　随时间的变化超过静压所规定限度的压力称为动压。一般又将非周期变化的压力称为变动压，将不连续而变化大的称为冲击压，将周期变化的称为脉动压。

1.3　压力计量单位

国际单位制中规定的压力单位名称是帕斯卡，简称帕，用符号 Pa 来表示。其物理意义是：1N 的力垂直、均匀地作用于 1m^2 的面积上产生的压力。它是在 1971 年第十四届国际计量大会上批准的具有专门名称的导出单位之一。1984 年我国规定将帕斯卡作为法定的压力计量单位。

由压力的定义可知，压力的单位并不是基本单位，而是一个导出单位。压力的量值是由质量、重力加速度、长度等量值推导得出的，因此它是由质量、长度和时间单位导出的一个单位。

$$1\text{Pa} = 1\text{N/m}^2$$

或

$$1\ \text{帕} = 1\ \text{牛/米}^2$$

当均以基本单位表示时为

$$1Pa = 1kg \cdot (m/s^2)/1m^2 = 1kg/(m \cdot s^2)$$

由于历史原因，在不同行业中使用的压力单位较多，主要有以下几种：

（1）kgf/cm^2（工程大气压）　$1kgf/cm^2$ 等于1kgf垂直均匀地作用在 $1cm^2$ 的面积上产生的压力。

（2）atm（标准大气压）　1atm等于在0℃时，高度为760mm汞柱在重力加速度为 $9.80665m/s^2$ 的海平面上产生的压力。

（3）mmHg（毫米汞柱）　1mmHg等于在重力加速度为 $9.80665m/s^2$、温度为0℃条件下，1mm高的汞柱所产生的压力。

（4）mmH_2O（毫米水柱）　$1mmH_2O$ 等于在重力加速度为 $9.80665m/s^2$、温度为4℃条件下，1mm高的水柱所产生的压力。

（5）mbar（毫巴）　1mbar等于1000dyn的力作用在 $1cm^2$ 的面积上产生的压力。

压力单位的种类非常多，不同应用领域的常用单位也不尽相同，世界范围内压力在不同地区常用的计量单位也不同。

常见的压力计量单位换算关系见表1-1。

表1-1　常见的压力计量单位换算关系

单位符号	kgf/cm^2	MPa	bar	atm	mmH_2O	mmHg	lbf/in^2
kgf/cm^2	1	0.098066	0.980665	0.9678411	10^4	735.55924	14.22334
MPa	10.19716	1	10	9.8692327	101972	7500.6168	145.03774
bar	1.019716	0.1	1	0.9869233	10197.2	750.06168	14.503774
atm	1.033227	0.101325	1.01325	1	10332.3129	760	14.695949
mmH_2O	10^{-4}	9.807×10^{-6}	9.81×10^{-5}	0.0000968	1	0.0735557	0.0014223
mmHg	1.3595×10^{-3}	1.333×10^{-4}	1.333×10^{-3}	1.316×10^{-3}	13.5951	1	0.0193368
lbf/in^2	7.0307×10^{-2}	6.895×10^{-3}	6.895×10^{-2}	6.805×10^{-2}	7.0307×10^2	51.7149	1

1.4 压力计量器具的检定系统及其框图

压力仪器仪表的准确度等级是根据仪器仪表的作用原理、结构和特性、测量极限和使用条件等来确定的。确定准确度等级的目的在于防止随意确定仪表的误差，简化测量中的误差估计，易于按照所要求的测量准确度选择仪器。将压力仪器仪表分为计量基准器具、计量标准器具和工作计量器具，是根据检定工作的需要而设立的，一般基准压力仪器和高等级的标准压力仪器仅用于量值传递，它可以方便可靠地将所采用的测量单位的分数或成倍数值，准确地由基准器具传递到工作用计量仪器上，使工作用计量仪器的准确度得到可靠的保证。

压力量值的准确性是从我国准确度最高的压力计量仪器，即国家压力计量基准器具，向计量标准器具传递，然后由计量标准器具向工作计量器具逐级传递。反之，使用中的工作计量器具、计量标准器具的检定与校准则需要由更高一级准确度的计量标准器具、计量基准器具来进行逐级校准。从国家计量基准器具传递到工作计量器具的过程，称为压力量值传递体系；而从工作计量器具到国家计量基准器具的过程，称为压力量值的溯源体系。压力检定系统框图如图 1-3 所示。按照压力检定系统框图进行检定，既可保证被检测量仪器仪表的准确度，又可避免用过高准确度等级的计量基准和标准来检定较低准确度等级的工作用计量器具，从而减少国家计量基准器具等高准确度仪器的使用次数，同时又能满足检定工作的需要。

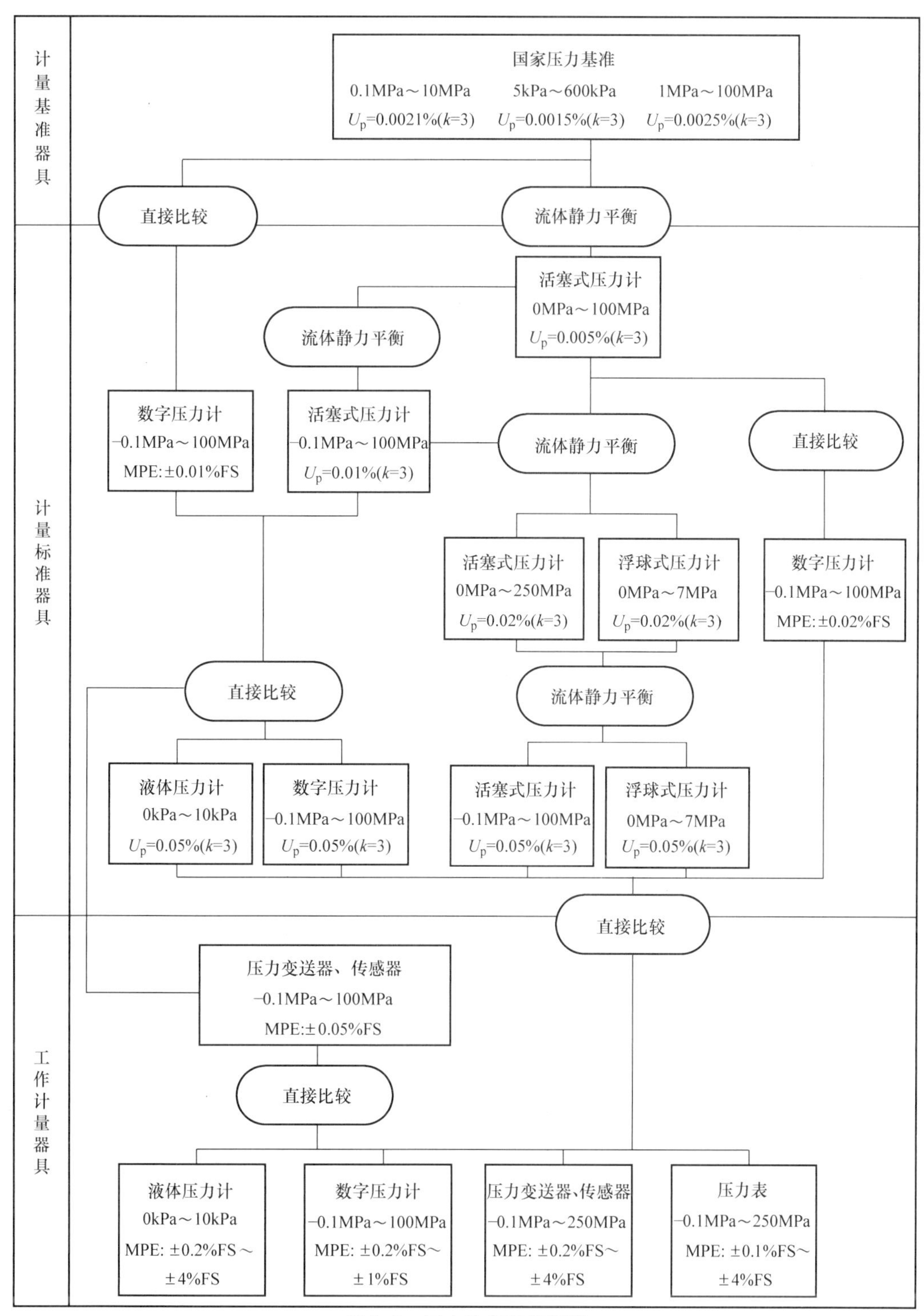

图 1-3　压力检定系统框图

U_p—扩展不确定度　k—扩展因子，为获得扩展不确定度，对合成标准不确定度所乘的大于 1 的数

MPE—最大允许误差　FS—计量标准器的量程

第2章　流体静力学基础

2

流体静力学是研究流体在外力作用下静止（绝对静止或相对静止）时的平衡规律及应用。流体静力学可以分为液体静力学和气体静力学，液体静力学是研究不可压缩流体在静止时的情形，气体静力学是研究可压缩流体在静止时的情形。流体静力学在工程实践中有着广泛的用途，水压机、液体压力机、虹吸管及其他许多机器及仪器就是根据流体静力学原理制造出来的。了解静止流体的压力分布，就可以计算浮在液体中或沉入液体中的物体所受的浮力及浮力矩（阿基米德原理），并且可以研究该物体的稳定性，这方面的知识在造船学方面特别重要。气体静力学知识有助于计算不同高度下静止大气的压力、密度和温度值，计算处于平衡状态的气状星球的压力分布和密度分布，它们在航空和天文中有重要应用。

2.1　流体基本概念和物理力学特性

作为压力测量最主要的传压介质，流体（气体和液体）的特性与压力测量方法和仪器原理结构密切相关，因而，了解流体及其物理力学特性是十分必要的。

1. 流体的概念和连续介质假设

物质有固体、液体、气体三种存在形式。固体具有一定的形状，它的分子排列紧密，分子间的引力和斥力都较大，分子间的距离和相对位置都较难改变，在一定的外力条件下，具有抗拒压力、拉力和切力等的能力。液体和气体没有固定的形状，与固体相比，分子间排列松散、引力较小，分子运动较强烈，不能抵抗拉力和切力，它们都很容易流动，所以统称为流体。由于气体分子之间距离较大，它可以压缩，通常称气体是可压缩流体，称液体为不可压缩流体。

流体和固体之间的区别不是绝对的，有些物质的性质甚至介于流体和固体之间，并具有两者双重的性质。例如胶体物质和油漆类触变物质，在放置一段时间后它们的性质看起来像弹性固体，但在摇动时失去弹性，可以发生很大的变形，其行为完全像是流体。又如浓缩的聚合物溶液甚至同时具有类固体和类流体的性质。若无特殊说明，本章主要研究的流体对象是如水、油和空气等“纯粹”的流体。

流体由大量分子组成，分子间的真空区其尺度远大于分子本身。每个分子无休止地做不规则的运动，相互间经常碰撞，交换着动量和能量，因此流体的微观结构和运动无论在时间或空间上都充满着不均匀性、离散性和随机性。另外，人们用仪器测量到的或用肉眼观察到的流体宏观结构及运动却又明显地呈现出均匀性、连续性和确定性。微观运动的不均匀性、离散性、随机性和宏观运动的均匀性、连续性、确定性是如此之不同却又和谐地统一在流体这一物质之中，从而形成了流体运动的两个重要侧面。

1753年，欧拉（Euler）建议采用连续介质这一概念来进行流体力学的研究。这就是把实际的流体看成是一种假想的、由无限多质点所组成的稠密而无间隙的连续介质，而且这些介质仍然具有流体的一切基本力学性质，这对于压力测量来说，具有十分重要的现实意义。

在一般情况下，连续介质假设是合理的，它认为真实流体所占用的空间可以近似看成由微观上充分大、宏观上充分小的分子团，即“流体质点”连续充满。事实上，流体质点宏观与微观的性质是相对的，从体积来说，宏观小而微观大；从时间来说，宏观短而微观长。如在冰点温度和标准大气压下，$1cm^3$体积中所含气体分子数约为2.7×10^{19}，宏观上很小的体积若从微观角度来看，体积无疑是很大的；这些气体分子在1s内要碰撞10^{29}次，即使是10^{-6}s内，在$10^{-9}cm^3$体积内仍然要碰撞10^{14}次，从微观角度看时间却是很长的。

研究流体的宏观运动，以连续介质假设为基础，认为流体质点所具有的宏观物理量（如质量、压力、速度、温度等）满足一切应该遵循的物理定律和物理性质，例如牛顿运动定律、能量守恒定律、热力学定律等，以及扩散、压缩、黏性、热传导等输运性质。这种方法已经被广泛运用于流体力学的研究之中，它力图从微观角度导出宏观现象，深刻地揭示了微观与宏观之间的内在联系。

需要指出的是，连续介质假设在考虑流体的宏观运动时，可不必直接考虑流体的分子结构，也就是说，流体的宏观形态是均匀的连续体，而不是微观包含大量分子的离散体。流体质点的位移，不是个别分子的位移，而是包含大量分子的分子团的位移。流体质点处于静止状态时，虽然分子间由于热运动在不断移动位置，但流体质点宏观上位置并未发生变化。

2. 流体的基本特性

流体表现出的宏观性质主要是易流动性、黏性、压缩性和膨胀性等。

（1）易流动性　固体在静止时可以承受切应力，当固体受到切向作用力时，在一般情况下沿切线方向将发生微小的变形，而后达到平衡状态，在它的截面上承受切线方向的应力，因此，固体在静止时，既有法应力也有切应力。与此相反，流体在静止时不能承受切应力，不管多小的切应力，只要持续增加，都能使得流体流动发生任意大的变形。因此，流体在静止时只有法应力而没有切应力，流体这个宏观性质称为易流动性。

固体中分子的作用力较强，具有固定的平衡位置，因而表现出不仅具有一定的体积，也具有一定的形状，当在外界力的作用下，固体可以发生微小的变形，然后承受住切应力不再变形。流体的分子间作用力较弱或很弱，即使是很小的切应力仍然可以使得流体发生任意大的变形。

流体受到外界作用力的影响产生一定的动能势，也可简单理解为压力梯度，促使流体宏观上形态发生变化，如果没有压力，那就相当于静止不动。但是存在压力差的流体也不一定从压力大的地方流向压力小的地方，就像固体不一定沿着合力的方向运动一样，这与固体或者流体的初始状态有关。如果存在与流速反向的压力差，但这个压力差并不能大到直接使流体反向流动，只能将流体的速度降低，除非还有外力作用才会改变流体的流向。

（2）黏性　流体在静止时虽不能承受切应力，但在运动时，对相邻两层流体间的相对运动，即相对滑动速度却是有抵抗的，这种抵抗力称为黏性应力，流体所具有的这种抵抗两层流体相对滑动速度，或普遍说来抵抗变形的性质称为黏性。黏性大小依赖于流体的性质，并显著地随温度而变化，黏性应力的大小与黏性及相对速度成正比。当流体的黏性较小（实际上最重要的流体如空气、水等的黏性都是很小的），运动的相对速度也不大时，所产生的黏性应力比起其他类型的力如惯性力可忽略不计，此时，可以近似地把流体看成是无黏性的，这样的流体称为理想流体。显然，理想流体对于切向变形没有任何抗拒能力。这样对于黏性而言，可以将流体分成理想流体和黏性流体两大类。需要强调的是，真正的理想流体在客观实际中是不存在的，它只是实际流体在某种条件下的一种近似模型。

除了黏性外，流体还有热传导及扩散等性质。当流体中存在着温度差时，温度高的地方将向温度低的地方传送热量，这种现象称为热传导。同样地，当流体混合物中存在着混合物某组元的浓度差时，浓度高的地方将向浓度低的地方输送该组元的物质，这种现象称为扩散。流体的宏观性质，如扩散、黏性、热传导等是分子输运性质的统计平均。由于分子的不规则运动，在各层流体间将交换着质量、动量和能量，使不同流体层内的平均物理量均匀化，这种性质称为分子运动的输运性质。

质量输运在宏观上表现为扩散现象，动量输运表现为黏性现象，能量输运则表现为热传导现象。理想流体忽略了黏性，即忽略了分子运动的动量输运性质，因此在理想流体中也不应考虑质量和能量输运性质——扩散和热传导，因为它们具有相同的微观机制。

（3）压缩性　在流体的运动过程中，由于压力、温度等因素的改变，流体质点的体积（或密度，因为质点的质量一定），或多或少有所改变。流体质点的体积或密度在受到一定压力差或温度差的条件下可以改变的这个性质称为压缩性。一般用单位压力所引起的体积变化率来表示，称为体积压缩系数。由于气体分子间的距离大，引力弱，因而它不能保持一定的形状和体积。又由于气体分子间的斥力弱，因此它很容易被压缩。液体分子间的距离比固体大，比气体小，引力弱，因而又能保持一定的形状，但其形状随容器的形状而改变。液体受到压力时，分子间的斥力较大，阻抗压缩，在很大的压力作用下，其体积缩小甚微。

真实流体都是可以压缩的。它的压缩程度依赖于流体的性质及外界的条件。液体在通常的压力或温度下，压缩性很小。例如水在 100atm，容积缩小 0.5%，温度从 20℃变化到 100℃，容积降低 4%。因此，在一般情形下液体可以近似地看成是不可压缩的。但是在某些特殊问题中，例如水中爆炸或水击等问题，则必须把液体看作是可压缩的。气体的压缩性比液体大得多，所以在一般情形下应该当作可压缩流体处理。但是如果压力差较小，运动速度较小，并且没有很大的温度差，则实际上气体所产生的体积变化也不大。此时，也可以近似地将气体视为不可压缩的。

通过上面的论述可知，流体都是可压缩的，但对液体或低速运动而温度差又不大的气体而言，在一般情形下可近似地视为不可压缩的。这样便可按压缩性将流体分成不可压缩流体和可压缩流体两大类。应该特别强调，不可压缩流体在实际上是不存在的，它只是真实流体在某种条件下的近似模型。液体和气体具有不同的压缩性可以从微观中得到说明。如上所述，在液体中分子间存在着一定的作用力，它使分子不分散远离，保持一定的体积。因此要使液体的体积改变是较难的。对气体而言，分子间的作用力十分微小，它不能保持固定的形状及大小，因此在同样的外界力的作用下，可以较大地改变它的体积。

（4）膨胀性　与流体的压缩性一样，流体也具有一定的膨胀性。当压力一定时，流体的体积随温度变化的特性称为流体的膨胀性。一般用单位温度变化（升高）所引起的体积变化率来表示，称为温度体积膨胀系数。气体容易被膨胀，它没有自由表面，并力求占领尽可能大的空间。液体具有自由表面，能保持一定的体积，因而膨胀性没有气体大。一般液体的体积膨胀系数很小，在常温下，温度每升高1℃，水的体积相对增量仅为0.015%；温度较高时，如90℃~100℃，也只增加0.07%，其他液体情况类似，体积膨胀系数也是很小的。流体的体积膨胀系数还取决于压力大小，如对于大多数液体来说，体积膨胀系数是随着压力的增加而减小的。

2.2 流体静力平衡及基本方程

流体与地球之间没有相对运动时，称之为流体的静止状态，或平衡状态。在流体处于静止状态时，流体流层之间没有相对运动，因此对于平衡状态下的流体可用流体静力方法分析和解决问题。

1. 基本概念

（1）静止流体受力特征

1）流体静止时，切应力为零。

2）静止流体只能承受压应力，其方向与作用面垂直，并指向流体内部；静止流体不能承受拉应力，在拉应力作用下，流体必然发生变形运动。

3）流体静压力的方向必然重合于受力面的内法线方向，且静止流体中任意一点各个方向的压应力都相等。

（2）作用在流体上的外力　作用在流体上的外力主要有两类，分别是质量力与表面力。

质量力是流体所处的外力场对流体产生的作用力，其大小与外力场的强度和流体的质量分布有关，其方向由力场的性质决定。

质量力是一种非接触力（或称为超距力），如重力、电磁力、惯性力等都属于质量力。在流体质量分布均匀的情况下，质量力也就成了体积力。单位质量的流体受到的质量力简称为单位质量力，单位为 m/s^2。在重力场中，单位质量力数值上等于重力加速度 g。

表面力是流体微团的表面受到的周围流体或固体的作用力。作用在单位面积上的表面力称为应力，单位为 N/m^2。

2. 流体静压力及各向同性

由图2-1所示，在静止流体中任选取一个微元四面体 $OABC$，直角坐标系原点与 O 重合，其边长为$\overline{AO}=dx$，$\overline{BO}=dy$，$\overline{CO}=dz$，面 ABC 上的法线方向的单位矢量为 $\boldsymbol{n}$，流体平均密度为ρ，微元四面体体积 $dV=\frac{1}{6}dxdydz$，微元四面体的质量 $dm=$

$\rho \mathrm{d}V = \frac{1}{6}\rho \mathrm{d}x\mathrm{d}y\mathrm{d}z$，则作用在微元体上的总质量力为

$$\boldsymbol{F}_m = \frac{1}{6}\rho \mathrm{d}x\mathrm{d}y\mathrm{d}z\boldsymbol{f} \tag{2-1}$$

式中，$\boldsymbol{f}$ 为作用在平衡流体上的单位质量力，其表达式为

$$\boldsymbol{f} = f_x\boldsymbol{i} + f_y\boldsymbol{j} + f_z\boldsymbol{k} \tag{2-2}$$

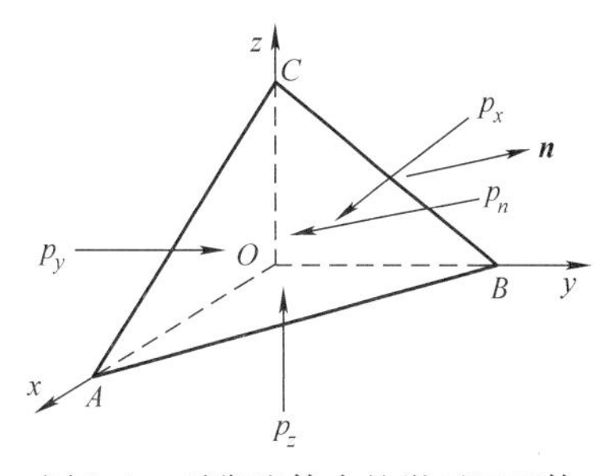

图 2-1　平衡流体中的微元四面体

微元体除了受质量力作用外，其表面还受流体之间的表面力作用。设在 BOC 面上压力为p_x，在 COA 面上压力为p_y，在 AOB 面上压力为p_z，在 ABC 面上压力为 p_n。当微元体 $OABC$ 静止时，作用在它上的外力相平衡，取 A 为微四面体的表面积，即

$$\boldsymbol{F} = \oint\!\!\oint_A p\boldsymbol{n}\mathrm{d}A \tag{2-3}$$

展开式（2-3），在 x 方向上有

$$\frac{1}{2}p_x\mathrm{d}y\mathrm{d}z - p_n\mathrm{d}An_x + \frac{1}{6}\rho f_x\mathrm{d}x\mathrm{d}y\mathrm{d}z = 0 \tag{2-4}$$

因为

$$n_x = \cos(\boldsymbol{n}, x)$$

所以

$$\mathrm{d}An_x = \frac{1}{2}\mathrm{d}y\mathrm{d}z$$

将其代入式（2-4）得

$$p_x - p_n + \frac{1}{3}f_x\rho \mathrm{d}x = 0$$

当四面体向 O 点缩小时，有 $\mathrm{d}x \to 0$。所以有

$$p_x = p_n$$

同理有$p_y = p_n$，$p_z = p_n$。

因此

$$p_x = p_y = p_z = p_n \tag{2-5}$$

由此可以得出结论：静止流体中的压力仅仅取决于流体所处的时间和空间位置，它是一标量值，与所取的作用面的方向无关。静压力的这种性质又称为静压力的各向同性。

3. 流体平衡的基本方程

在图 2-2 所示的静止流场中任取一微元六面体，其体积为 τ，表面积为 A，由

静力平衡原理可知，惯性坐标系中任何物体处于静止状态的必要条件是作用在物体上的外力达到平衡，即

$$\sum \boldsymbol{F} = 0 \tag{2-6}$$

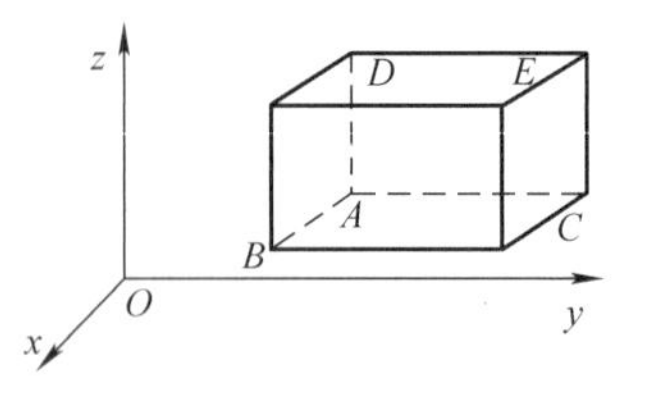

图 2-2　微元六面体

图 2-2 中所示的微元体 τ 上所受到的外力有：

（1）质量力

$$\boldsymbol{F}_m = \iiint_\tau \boldsymbol{f} \mathrm{d}\tau$$

（2）表面力

$$\boldsymbol{F} = -\oint\!\!\!\oint_A p\boldsymbol{n} \mathrm{d}A = 0$$

根据平衡条件有

$$\iiint_\tau \rho \boldsymbol{f} \mathrm{d}\tau - \oint\!\!\!\oint_A p\boldsymbol{n} \mathrm{d}A = 0 \tag{2-7}$$

若物理量 p 在闭域 τ 中有一阶连续导数（高斯定理），则有

$$\oint\!\!\!\oint_A p\boldsymbol{n} \mathrm{d}A = \iiint_\tau \nabla p \mathrm{d}\tau \tag{2-8}$$

将$\nabla = \boldsymbol{i}\dfrac{\partial}{\partial x} + \boldsymbol{j}\dfrac{\partial}{\partial y} + \boldsymbol{k}\dfrac{\partial}{\partial z}$称为哈密尔顿算子，是矢量微分算子。

将式（2-8）代入式（2-7）得

$$\iiint_\tau (\rho \boldsymbol{f} - \nabla p) \mathrm{d}\tau = 0 \tag{2-9}$$

因为$\boldsymbol{f}$、p、∇p 均为流场中的连续函数，而流体微元体是任取的，因而要使式（2-9）成立，则被积函数在被积空间上任一点的值均为零，即

$$\rho \boldsymbol{f} - \nabla p = 0$$

或

$$\boldsymbol{f} = \frac{1}{\rho}\nabla p \tag{2-10}$$

在直角坐标系中展开式（2-10）有

$$f_x = \frac{1}{\rho}\frac{\partial p}{\partial x},\ f_y = \frac{1}{\rho}\frac{\partial p}{\partial y},\ f_z = \frac{1}{\rho}\frac{\partial p}{\partial z} \tag{2-11}$$

写成单位质量的合力形式为

$$\boldsymbol{f} = f_x\boldsymbol{i} + f_y\boldsymbol{j} + f_z\boldsymbol{k} = \frac{1}{\rho}\nabla p \tag{2-12}$$

将$\nabla p = \mathrm{grad}p$，称为压力的梯度。

式（2-12）即为流体静力平衡微分方程，又称欧拉方程。

欧拉方程是流体静力学的重要方程，流体静力学的其他方程都是在欧拉方程基础上推导出来的。

将式（2-12）中f_x、f_y、f_z分别乘以 dx、dy、dz 并相加得

$$\rho(f_x\mathrm{d}x + f_y\mathrm{d}y + f_z\mathrm{d}z) = \frac{\partial p}{\partial x}\mathrm{d}x + \frac{\partial p}{\partial y}\mathrm{d}y + \frac{\partial p}{\partial z}\mathrm{d}z \tag{2-13}$$

而同一时刻压力 p 沿空间点的全微分为

$$\mathrm{d}p = \frac{\partial p}{\partial x}\mathrm{d}x + \frac{\partial p}{\partial y}\mathrm{d}y + \frac{\partial p}{\partial z}\mathrm{d}z \tag{2-14}$$

于是有

$$\rho(f_x\mathrm{d}x + f_y\mathrm{d}y + f_z\mathrm{d}z) = \mathrm{d}p \tag{2-15}$$

对式（2-15）积分就可以得到压力 p 的空间分布。

对于不可压缩的流体，$\rho = C$，C 为常数。

$$\boldsymbol{f} = \frac{1}{\rho}\nabla p = \nabla\left(\frac{p}{\rho}\right) \tag{2-16}$$

两边取旋度，得

$$\nabla\times\boldsymbol{f} = \nabla\nabla\left(\frac{p}{\rho}\right) \tag{2-17}$$

根据场论可得知，无旋必有势。令

$$\boldsymbol{f} = -\nabla U \tag{2-18}$$

式中，U 为质量力（不可压缩流体静止时）的势函数。

将式（2-18）带入式（2-17），两边积分，得

$$U = -\frac{p}{\rho} + C \tag{2-19}$$

注意：不可压缩流体是一种理想状态的流体，之所以认为它是不可压缩的，是因为在研究的范围内，问题本身的压力条件限制下，其体积的变化微乎其微。事实上，在外加作用力下，真实流体的密度会发生变化。

4. 等压面

在被平衡流体充满的空间内，静压相等的各个点所组成的面称为等压面。

在等压面上 p 为常数，所以有 dp = 0，即

$$\rho(f_x\mathrm{d}x + f_y\mathrm{d}y + f_z\mathrm{d}z) = 0 \tag{2-20}$$

对于理想流体，密度 ρ 为常数，设某个函数 $U(x, y, z)$的全微分记作

$$\mathrm{d}U = f_x\mathrm{d}x + f_y\mathrm{d}y + f_z\mathrm{d}z \tag{2-21}$$

因此有

$$f_x = \frac{\partial U}{\partial x}, f_y = \frac{\partial U}{\partial y}, f_z = \frac{\partial U}{\partial z} \qquad (2\text{-}22)$$

即质量力的分量等于函数 U 的偏导数。

式（2-22）表明：不可压缩流体只有在有势力的作用下才能保持静止。由此可见，等压面就是等势面。

在平衡的流体中通过每一点的等压面必与该点所受的质量力互相垂直。

由于质量力沿等压面所做的功为零，因此等压面必然与质量力相互垂直。即，根据质量力的方向就可以确定等压面的走向；反之，也可以根据等压面的走向确定质量力的方向。对于只受重力作用的静止流体，其等压面是水平面。

两种互不相溶的流体处于平衡状态时，两者间的交界面必为等压面或等势面。

5. 静止流体的压力分布

设如图 2-3 所示直角坐标系，x、y 坐标在水平面上，则质量力在 x、y 和 z 方向上的分量分别为：

$$\begin{cases} f_x = 0 \\ f_y = 0 \\ f_z = -g \end{cases} \qquad (2\text{-}23)$$

将式（2-23）带入式（2-22）得

$$dp = -\rho g dz \qquad (2\text{-}24)$$

式中，假设流体的密度 ρ 为常数，则积分可得

$$p = -\rho g z + C \qquad (2\text{-}25)$$

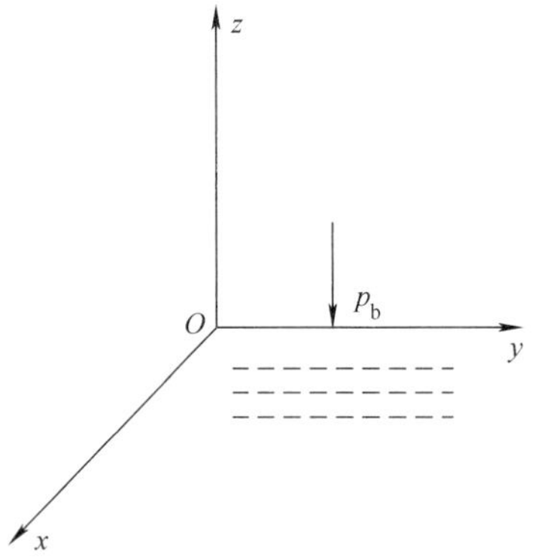

图 2-3　直角坐标系

式（2-25）描述的是流体压力与高度间的函数关系，可以得出以下结论：

1）在静止流体中等压面就是水平面，对于任何一种不可压缩流体都适用。

2）在同一种液体中，压力 p 随着高度 z 的增加而减小。

3）流体自身重力作用表明，在流体越深处，其质点所受的压力越大。

设液面上的压力为p_0，高度为z_0，则根据式（2-25），取$z_0 - z = h$，称为液深（淹深），则流体中任意一点的压力为

$$p = p_0 + \rho g(z_0 - z) = p_0 + \rho g h \qquad (2\text{-}26)$$

式（2-26）表明：液体内部压力沿着液深呈线性增加。液体内部任意一点的压力 p 均可看作由 p_0和 ρgh 两部分组成。

由此可以得出结论：在密封容器中的静止不可压缩流体，由于边界上承受外力而产生的流体静压力将均匀地传递到液体内部各点上去，并沿各个方向传递，即帕

斯卡定律。

6. 液体静压力的基本方程

如图 2-4a 所示，作用于液体表面的压力为大气压力p_0，在液体表面取垂直向下的微元体，设微元体为脱离体，其面积为 dA、高度为 dh，密度ρ与重力加速度g均为常量，微元脱离体距自由表面高度为h。

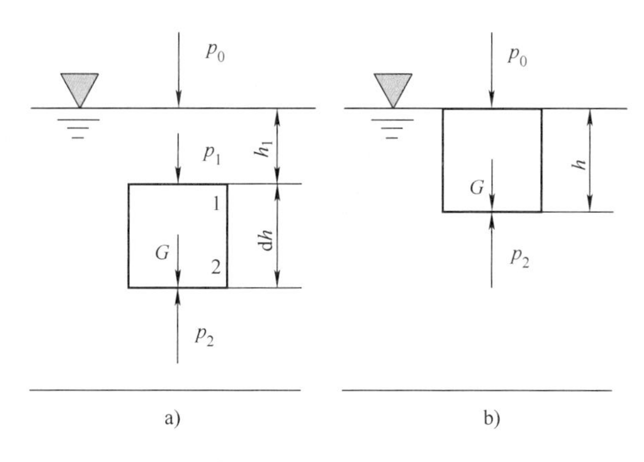

图 2-4　液体压力平衡原理

现分析力平衡条件，作用于该微元体上的力有以下四个：

1）作用于底面积的未知静压力为p_2，其作用力为$F_1=p_2\mathrm{d}A$，力的方向垂直向上。

2）作用于顶面积上的压力为p_1，其作用力为$F_2=p_1\mathrm{d}A$，力的方向垂直向下。

3）作用于侧面的力相等；由于是静止液体，两侧力的方向相反，合力为零。因此，两侧所受的力相互平衡。

4）微元体自身重力为$G=\rho g\mathrm{d}h\mathrm{d}A$，力的方向向下。

根据力平衡原理，沿垂直方向合力等于零，即

$$p_2\mathrm{d}A = p_1\mathrm{d}A + \rho g\mathrm{d}h\mathrm{d}A \tag{2-27}$$

式（2-27）两端同除以 dA，可得液体压力基本方程为

$$p_2 = p_1 + \rho g\mathrm{d}h$$

或

$$p_2 - p_1 = \rho g\mathrm{d}h \tag{2-28}$$

式中　p_2-p_1——1、2 两点的压力差（Pa）；

ρ——微元体密度（$\mathrm{kg/m^3}$）；

g——重力加速度（$\mathrm{m/s^2}$）；

dh——微元体高度（m）。

由式（2-28）可知，当液体的ρg为常数时，液体垂直两点间的压力差是液柱

高度的函数，即静止液体的压力随深度增加而增加。

如图2-4b所示，设 $h_1=0$，则 $\mathrm{d}h=h$，$p_1=p_0$，则式（2-28）可写成

$$p_2 = p_0 + \rho gh$$

压力为

$$p = \rho gh \tag{2-29}$$

式（2-29）是常见的压力基本方程，它表明液体的表压力等于液体的重力与深度的乘积。

第3章　液柱式压力计

3

液柱式压力计是最早使用的测压仪器，尽管现代压力计量的许多工作已由活塞式压力计、弹性元件压力表、数字压力计以及各种压力传感器或变送器所取代，但由于液柱式压力计具有结构简单、使用方便、示值稳定可靠、测量准确度高等优点，因而在较小范围的表压力、绝对压力、大气压力和负压力等低、微压力的量值传递、检定和精密测试中，液柱式压力计仍然是不可缺少的仪器。液柱式压力计的工作原理是利用流体静力平衡原理，由液柱高度所产生的压力和被测压力相平衡，用液柱高度差来进行压力测量的仪器。但液柱式压力计本身也存在一定的缺陷：容易破损，用汞做介质时存在污染和有毒等问题。由于仪器本身限制，无法测量大压力，一般测量范围在1Pa～300kPa。

3.1　液柱式压力计的工作原理与结构

由于液柱式压力计是利用测量液柱高度差原理，因而测量上限有限，一般被测液柱高度为1m～2m，高度再高后读数较困难，同时温差也较大，从而影响测试精度。基于流体静力平衡，当密度为ρ的液体作用于液柱管内截面面积S上所产生的压力与被测压力相平衡时，液柱式压力计的测压表达式为

$$p = \rho g h \tag{3-1}$$

式中　p——被测压力（Pa）；

ρ——液体密度（kg/m^3）；

g——使用地点重力加速度（m/s^2）；

h——液柱高度（m）。

由式（3-1）可知，被测压力仅与液柱高度h和液体密度值ρ有关，而与液柱管截面面积S无关。常用工作介质有纯水（一次或二次蒸馏水）、纯汞（20℃时的密度为13.5459g/cm^3）和乙醇（酒精）等。液体在液柱管中由于表面张力影响而

产生毛细现象，所以管中液面不是平面，而呈弯月面，有凸面和凹面两种形式：纯汞呈凸面，水或乙醇呈凹面。压力示值应按凸面最上缘或凹面最低缘读取。弯月面的大小随管子内径大小而异，内径大时，弯月面就平坦些，反之弯月面就弯曲些。因此，为使读数方便，一般规定其管内直径不小于6mm。

液柱式压力计的标尺刻度有两种形式。一种标尺以温度为20℃、大气压力为101.325kPa下的工作介质密度和9.8m/s^{2}的重力加速度为依据，直接以“Pa”或“kPa”为单位进行刻度，也称为直读式。另外一种液柱式压力计的标尺，以20℃为标准温度，仍用“mm”为单位进行刻度，利用测压表达式来计算压力（疏空）值。

液柱式压力计的结构一般均具有玻璃容器、标尺及刻度、连接管等，因分类不同而有一定差异。

3.2 液柱式压力计的分类与计量特性

3.2.1 U形管压力计和杯形压力计

1. U形管液体压力计

在液体式压力计中最常用、结构最简单的测量仪器是U形管液体压力计（以下简称U形压力计）。U形压力计示值管为U形结构，又称双管压力计。因其结构简单、直观、耐用、操作简单、价格低廉等优点，有着非常广泛的应用。U形压力计可用于测量正表压、负表压和差压。

（1）仪表结构　如图3-1所示，U形压力计的主要结构形式有墙挂式和台式两种。U形体压力计其结构是一个里面装有液体（水、汞或乙醇等）的U形玻璃管或有机玻璃管，固定在一块板面上，板面上印制有标有刻度的标尺。

1）U形管。由两根相互平行而又连通成U字形的管子或一根U形管组成。要求管子内径、外径相同，不得有弯曲现象和影响计量性能的缺陷。U形管两端分别与被测压力和大气相连通。

2）刻度标尺安装在U形管中间并与两管平行，用来计量液柱高度。其零点位于标尺的中间，量管内注入液体到零点处。其材质要求厚薄均匀、热膨胀系数要小，刻度线、字码、计量单位应清晰准确。

3）底板用于紧固U形管和刻度标尺，并符合仪器的组装要求，底板可用硬质木材、金属或其他坚固而又不易变形的材料制成。

（2）计量性能要求　主要包括测量范围、分度值、准确度等级、密封性以及

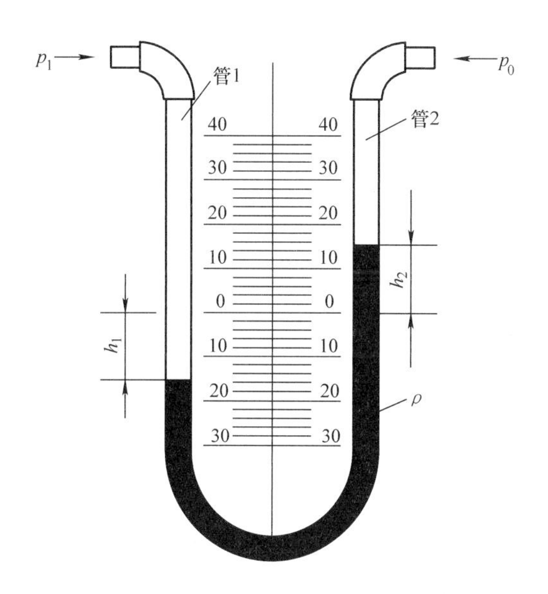

图 3-1　U 形压力计的结构

耐压强度等。表 3-1 所列为精密 U 形压力计计量性能要求；表 3-2 所列为工作用 U 形压力计计量性能要求。

表 3-1　精密 U 形压力计计量性能要求

准确度等级	分度值/mm	零位误差允许值/mm		最大允许误差（量程的百分数）
		量程≤8kPa	量程 > 8kPa	
0.05	0.2、0.5、1	±0.1	±0.2	±0.05
0.2		±0.2	±0.4	±0.2
0.4		±0.3	±0.6	±0.4

表 3-2　工作用 U 形压力计计量性能要求

准确度等级	零位误差允许值/Pa				最大允许误差（量程的百分数）
	测量上限				
	≤4kPa	5kPa ~ 8kPa	10kPa ~ 16kPa	20kPa	
1	±5	±10	±20	±20	±1
1.6	±5	±20	±35	±40	±1.6
2.5	±5	±35	±50	±60	±2.5

（3）工作原理和压力方程式　测量管注入工作介质到零点处，使两管液面均处于零位。将管 1 与被测压力容器相连通，管 2 与大气压p_0相通，如果被测压力高于大气压力p_0时，管 1 内液面下降，管 2 液面上升，直到被测压力与液柱压力平衡为止，此时液柱高度（$h = h_1 + h_2$）等于刻度标尺零位上和零位下液面读数的总

和，如图 3-1 所示，在被测压力p_1作用下，等压面上可得静力平衡方程为

$$p_1A = p_0A + \rho g(h_1 + h_2)A \tag{3-2}$$

或

$$p_1 = p_0 + \rho g(h_1 + h_2) = \rho gh \tag{3-3}$$

式中 p_1——被测绝对压力（Pa）；

p_0——大气压力（Pa）；

ρ——液体密度（kg/m^3）；

g——使用地点重力加速度（m/s^2）；

h——液柱高度（m）。

将 $p = p_1 - p_0$表示为正表压力，于是有 $p = \rho gh$。这就是式（3-1）所表示的基本方程式。

同理，当被测压力p_1低于大气压力p_0时，也就是用真空泵抽去管 1 内气体，则得到负表压力（疏空）。

如果作用于管 2 的压力为任意压力p_2时，则$p_1 - p_2 = \rho gh$ 表示为差压。

对于工作用 U 形压力计，为了使用方便与直观并便于仪器批量生产，一般要求按法定压力计量单位（Pa）刻度。刻度时，可用 20℃时的蒸馏水的密度值 $\rho = 998.203kg/m^3$和标准重力加速度值 $g = 9.80665m/s^2$来计算刻度标尺长度 L。

$$L = p\frac{1}{\rho g} \tag{3-4}$$

式中 L——刻度标尺长度（m）；

p——压力值（Pa）。

2. 单管（杯形）液体压力计

单管（杯形）液体压力计（以下简称杯形压力计）是 U 形管液体压力计的一种变形，它将 U 形管的一边示值管做成杯形容器，并将另一单管与杯形容器的内径保持一定比例的液体压力计。

（1）仪表结构　根据上述定义可知，杯形压力计同 U 形压力计区别在于：由一个大截面的杯形容器代替 U 形管一边的示值管。其结构如图 3-2 所示，杯形容器上部有开口接嘴，下部与测量管 3 组成一个连通器，各连接处必须保持密封，使工作液体不致流失或泄漏。标尺 2 靠近测量管 3，在仪器的底座上有调整仪器水平的机构，以调整仪器的工作位置。

（2）计量性能要求　与 U 形压力计一致。

（3）工作原理和压力方程式　假设杯形压力计的工作介质密度为ρ，并使液面保持在零位线上。一般杯形容器与测量管内工作介质之外的介质为空气，假设其密

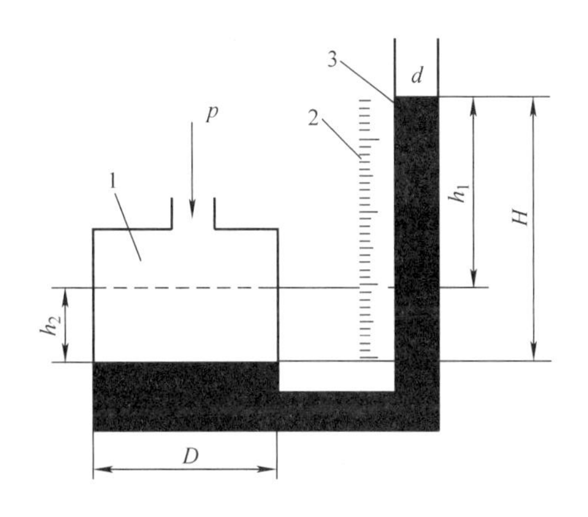

图 3-2　单管（杯形）液体压力计的结构

1—杯形容器　2—标尺　3—测量管

度为ρ_1。如图 3-2 所示，当测量压力时，在杯形容器的接口处接入被测压力 p，测量管上端开口处为大气压力p_0。当 $p > p_0$时，测量管中的液面将升高，直到两边的压力平衡时为止。这时杯形容器内的液面高度下降了h_2，测量管内的液面上升了 h_1。若杯形容器的内径为 D，测量管的内径为 d，那么由于被测压力被实际高度 H 的液柱所产生的压力相平衡，令 H 为杯形容器内液面与测量管内的液面在加压后的液位差，则有

$$H = h_1 + h_2 \tag{3-5}$$

由于杯形容器内排出的液体体积等于测量管内增加的液体体积，所以有

$$\frac{\pi}{4} D^2 h_2 = \frac{\pi}{4} d^2 h_1 \tag{3-6}$$

即

$$h_2 = \frac{d^2}{D^2} h_1 \tag{3-7}$$

故有 $H = (1 + d^2/D^2) h_1$，被测压力 p 为

$$p = (\rho - \rho_1) g \left(1 + \frac{d^2}{D^2}\right) h_1 \tag{3-8}$$

若增大杯形容器的内径 D，则可使内径比值d^2/D^2很小，甚至可以忽略，因此对于工作用杯形压力计，杯中的下降高度 h_2可以忽略不计。但是，对于精密杯形压力计，d^2/D^2带来的误差则不能忽略，必须按式（3-8）计算。

因为在杯形液体压力计制造过程中 D、d 均为已知量，为了避免在每次测量后进行高度补偿计算，因此在制造测量管标尺时可以用专用标尺来对它进行标刻，专用标尺长度 L 与实际液柱高度 H 之间的关系为

$$L = \frac{H}{1 + \frac{d^2}{D^2}} \tag{3-9}$$

3.2.2 倾斜式微压计

在测量微压时，由于肉眼分辨力的限制，在使用杯形压力计测压时其读数的相对误差较大。为此，采用加长液柱长度的方法来使微小压力变化得较为显著，以此可减少读数的相对误差。

将单管液体压力计的单管做成与水平面成一定倾斜角度的结构，用于测量微小压力的液体式压力计称为倾斜式微压计，又称斜管微压计。

（1）仪表结构　倾斜式微压计测量管的结构形式分为斜管式（简称斜管微压计，见图3-3）和曲管式（简称曲管微压计，见图3-4）两种。

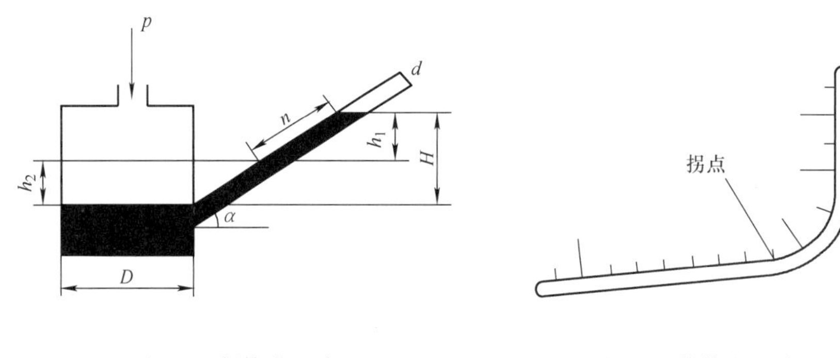

图3-3　斜管微压计　　图3-4　曲管微压计

斜管微压计的特点为测量管与水平面成一定角度，能将较小的液柱高度差按一定比例放大，以提高测量的分辨力。斜管微压计的工作液体一般采用密度为810kg/m³的乙醇（体积分数为95%）。

曲管微压计的特点是测量管设计为倾斜－曲线－垂直式组合结构，能提高微小压力测量的分辨力。曲管微压计的工作液体一般采用密度为826kg/m³的煤油或混合油，或根据测量范围的不同，使用其他密度的液体作为工作介质。

（2）计量性能要求　倾斜式微压计的测量范围一般为－2000Pa～2000Pa。其准确度等级和最大允许误差见表3-3。

（3）工作原理和压力方程式　如图3-3所示，在被测压力p作用下，杯形容器内的液面下降了h_2，测量管中的液面上升了h_1，微压计实际测量竖直高度为

表 3-3 倾斜式微压计的准确度等级和最大允许误差

仪器名称	准确度等级	最大允许误差（%）（按各倾斜常数上的测量上限百分数计算）		
		测量上限	≤拐点压力	>拐点压力
斜管微压计	0.5	±0.5	—	—
	1.0	±1.0	—	—
	1.5	±1.5	—	—
曲管微压计	3.0	—	±3.0（拐点压力）	±3.0（测量上限）

注：拐点压力是指分辨力发生变化的第一个压力点。

$$H = h_1 + h_2, h_1 = n\sin\alpha \tag{3-10}$$

式中 n——按微压计标尺读出的液柱在玻璃细管中的长度（m）；

α——玻璃测量管的倾斜角（°）。

由于测量管中液体上升的体积等于杯形容器内液体下降的体积，所以可得出

$$H = n\left(\sin\alpha + \frac{d^2}{D^2}\right) \tag{3-11}$$

被测压力为

$$p = \rho g n\left(\sin\alpha + \frac{d^2}{D^2}\right) \tag{3-12}$$

倾斜式压力计与单管（杯形）液体压力计一样，当玻璃测量管的直径 d 与杯形容器直径 D 之比 d/D 很小时，这时杯形容器内液膜下降高度 $h_2\left(=n\frac{d^2}{D^2}\right)$ 可以忽略不计，式（3-12）可以简化为

$$p \approx \rho g n\sin\alpha \tag{3-13}$$

由式（3-13）可知，在同一种工作液体介质中，仪表刻度标尺也相同的情况下，玻璃测量管的倾斜角度 α 越小，仪表的测量范围也越小，对竖直高度的液柱差的放大倍数也越大。

倾斜管对于竖直高度液柱差的放大倍数等于标尺刻度实际长度 n 和竖直高度 H 之比，即为放大倍数 k。

$$k = \frac{n}{H} = \frac{1}{\sin\alpha + \frac{d^2}{D^2}} \approx \frac{1}{\sin\alpha} \tag{3-14}$$

实际使用时，要求玻璃测量管的倾斜角 $\alpha \geqslant \pi/12$，这是因为 α 太小会造成因毛细现象产生的液面波动不易稳定，反而造成读数不准确，当 $\alpha = \pi/12$，最大放大倍数 $k_{max} = 3.86$。

倾斜式微压计与单管（杯形）压力计一样，也可以用来测量正表压力、负表

压力和差压。

3.2.3 补偿式微压计

前面介绍的3种液体压力计，由于受毛细现象的作用以及读数误差较大，无法使测量准确度进一步提高。为了提高微小压力的测量准确度，可采取不同措施，如扩大两个容器的截面面积以减小毛细作用对读数的影响；利用测微机构提高读数准确度；测压时，把一个液面补偿到零点的位置以减少一次读数，提高测量的准确度。

将大小容器相互连通，利用大容器上下移动来补偿小容器中压力零点液位变化，以达到精密测量微小压力的液体式压力计，称为补偿式微压计。

（1）仪表结构　补偿式微压计主要是由可动容器、静止容器、垂直标尺、旋转标尺、读数尖头、平面镜、调零螺母及外壳等部分组成，其结构如图3-5所示。

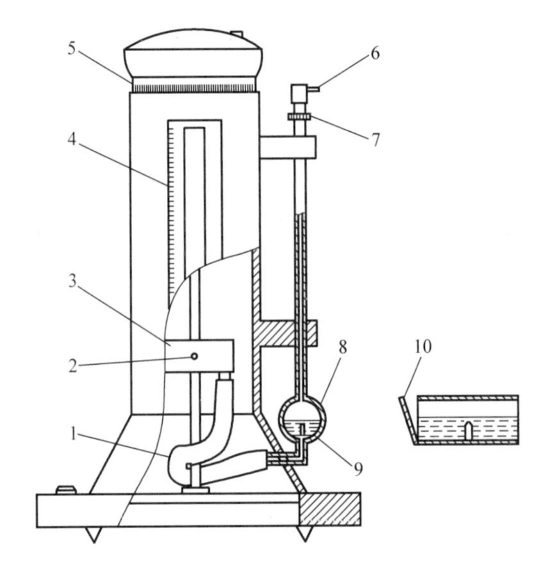

图3-5　补偿式微压计的结构

1—连接橡胶管　2—负压接口　3—可动容器　4—垂直标尺　5—旋转标尺
6—正压接口　7—调零螺母　8—静止容器　9—读数尖头　10—平面镜

补偿式微压计由可动容器3和静止容器8用连接橡胶管1连接，形成一个连通器。在可动容器的中心装有负压接口2和垂直标尺4，并套在微压计螺杆上，螺杆的下端以铰链方式与仪器底座相连，而它的上端牢固地和测微螺母相连。因此，当旋转测微螺母时，可动容器就可沿着螺杆的轴线上下移动。静止容器8与仪器底座相连，调零螺母7可将它上下移动2mm～8mm，以达到调整仪器零位的目的。

在静止容器8中有一半圆锥形读数尖头9，当容器中的水平面停止在圆锥尖头时，借助于平面镜10的玻璃所射入的光线，可以用来观察针尖与水面是否刚好相接触。

（2）计量性能要求　补偿式微压计的测量范围一般是 -2.5kPa～2.5kPa，其测量范围、分度值与准确度等级见表3-4，最大允许误差要求见表3-5。

表3-4　补偿式微压计测量范围、分度值与准确度等级

测量范围/kPa	分度值/mm	准确度等级
-1.5～1.5	0.01	一等、二等
-2.5～2.5	0.01	一等、二等

表3-5　补偿式微压计最大允许误差

测量范围/kPa	准确度等级	最大允许误差
-1.5～1.5	一等	±0.4Pa
	二等	±0.8Pa
-2.5～2.5	一等	-2.5kPa≤测量值<-1.5kPa；±0.5Pa
		-1.5kPa≤测量值≤1.5kPa；±0.4Pa
		1.5kPa<测量值≤2.5kPa；±0.5Pa
	二等	-2.5kPa≤测量值<-1.5kPa；±1.3Pa
		-1.5kPa≤测量值≤1.5kPa；±0.8Pa
		1.5kPa<测量值≤2.5kPa；±1.3Pa

注：微压计在测量上限压力时，保持3min，且在后1min内应无压力下降现象。

（3）工作原理和压力方程式　补偿式微压计的工作原理是通过提高可动容器3（大容器）的位置来补偿压力造成的静止容器8（小容器）水面的下降，使小容器水面恢复到原来的零位位置，即采用补偿原理，使大、小容器的液位差所产生的压力与被测压力相平衡。

补偿式微压计可以测量非腐蚀性气体的微小压力（正压、负压和差压），主要作为微压标准器进行量值传递，还可用于微压量值的精密测量。补偿式微压计使用的工作介质是蒸馏水，仪器使用前将纯净的工作介质注于容器内，设其密度为ρ。一般被测介质为空气，设其密度为ρ_1。

在开始进行工作时，应先将零位对准。即调整仪器的水平位置，使可动容器上安装的垂直标尺和旋转标尺5的游标指示零值。微调静止容器的高度使反射镜中反映出的读数尖头9与水面上的虚像尽量接近（但不接触），这时零点液位已调好，升降可动容器就破坏了零点液位，再重新对准原来针尖与水面上虚像的距离，这一过程叫零位对准。如果零位不准会带来系统误差。

测量正表压时，被测压力 p_1 与正压接口 6 连接；测量负表压时，被测压力 p_1 与负压接口 2 连接；如果测量压力差，其中高压部分 p_1 与正压接口 6 连接，低压部分 p_2 与负压接口 2 连接。

在压力或压力差的作用下，可动容器 3 内的水面就要升高，静止容器 8 内的水面则要降低，此时转动微调螺母，使可动容器升高，直至反射镜中出现零位对准时的液位为止，此时被测压力与液柱压力相平衡。压力方程式为

$$p_1 = p_2 + (\rho - \rho_1)gh \tag{3-15}$$

当 p_2 为大气压力时，式（3-15）可简写为

$$p_1 = (\rho - \rho_1)gh \tag{3-16}$$

式（3-16）中液柱高度 h 在垂直标尺 4 上读取整数值，每一分格为 1mm；在旋转标尺 5 上读取小数，旋转标尺分为 200 等分，分度值为 0.01mm。

3.3 液柱式压力计的计量方法

1. 液柱式压力计计量的影响因素

（1）毛细现象影响　由于毛细管的作用使管内液面呈弯月形，对于浸润液体，液面在毛细管中有所上升，呈凹月形；对于非浸润液体，液面在毛细管中的高度低于实际高度，呈凸月形，如图 3-6 所示。

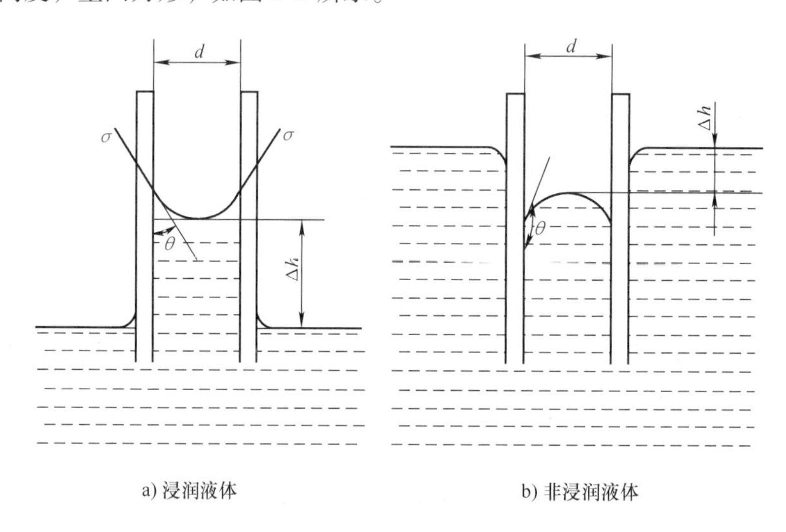

图 3-6　毛细作用现象

由于毛细现象，其液面高度与实际高度存在一个差值 Δh。根据流体静力平衡原理，液体与壁面之间由液体表面张力所产生的附着力等于管内 Δh 的高度的液柱

的重力，即

$$2\pi r\sigma\cos\theta = \pi r^2 \Delta h\rho g \tag{3-17}$$

式中　σ——液体的表面张力（N/m）；

r——毛细管的半径（mm）；

θ——液体与壁面之间的浸润角（°）；

Δh——管内液柱高度（mm）；

ρ——液体密度（kg/m^3）；

g——重力加速度（m/s^2）。

对于浸润液体，$0° < \theta < 90°$，通常认为 $\theta \approx 0$；对于非浸润液体，$90° < \theta < 180°$，通常认为 θ 接近 180°，取毛细管直径 $d = 2r$，所以有以下近似值：

$$\Delta h = \pm \frac{4\sigma}{\rho d g} \tag{3-18}$$

由式（3-18）可知，当液体的表面张力越大时，它的毛细现象越严重，当毛细管越细时，因毛细现象引起的读数误差越大。当液体的密度很小时，毛细现象所产生的误差是很大的。因此，比较理想的工作液体为液面的表面张力小而密度大的液体。一般可近似地用式（3-18）来估算因毛细现象而产生的读数误差。对于水，$\Delta h \approx \frac{30}{d}$；对于汞，则有 $\Delta h \approx -\frac{10}{d}$。

实际使用中，可以首先确定零点的弯月面的位置，并测量弯月面的最高点或最低点随压力变化的高度。在这种情况下就没有必要再做修正了，许多场合均采用这种方法。然而对于变截面测量管，上述的修正仍是必要的。

传统液体式压力计的标尺用长度刻度。目前对准确度优于 ±1% 的液体式压力计的标尺仍以长度单位进行刻度，其压力值由 $p = \rho g h$ 计算；而对准确度低于 ±1%（含 ±1%）的工作用液体压力计可按压力单位（Pa）直接对标尺进行刻度，即示值直接表示压力值。标尺进行刻度的工作环境为重力加速度 $g = 9.80665 m/s^2$，工作液体的密度取 20℃时的密度，液体式压力计的准确度可以用引用误差来表示。

（2）重力加速度的影响　众所周知，重力加速度是由地球的质量力所产生的力场引起的。因此随测量地点的不同，其当地的重力加速度也是各不相同的，人们规定标准重力加速度是指在 45°纬度的海平面上，$g_0 = 9.80665 m/s^2$ 处的重力加速度。其他各地及不同海拔的重力加速度可实测或用公式来计算，即

$$g = \frac{9.80665(1 - 0.00265\cos 2\varphi)}{1 + \frac{2h}{R}} \tag{3-19}$$

式中　φ——被测地点的纬度（°）；

h——被测地点的海拔（m）；

R——地球平均半径（m），$R=6371\times10^3\text{m}$。

因此，若标准重力加速度处有压力 $p_0=\rho_0 g_0 h_0$，则在重力加速度 g 处要产生相同的压力 p_0 所需要的液柱高度为

$$h=\frac{p_0}{\rho_0 g}=\frac{\rho_0 g_0 h_0}{\rho_0 g}=\frac{g_0}{g}h_0 \tag{3-20}$$

（3）温度变化的影响　在定义液柱高度表示的压力单位时，规定标准汞的密度为0℃时的汞密度 $\rho_{汞}=13.5951\text{g/cm}^3$，标准水的密度为4℃时的密度 $\rho_{水}=1.0\text{g/cm}^3$。而标尺的制作与定标是在20℃的情况下进行的。因此，在读数时需要对液柱高度进行温度修正。液体压力计是以标尺的刻度读数作为测量数值的，由于标尺本身随温度的变化而变化，所以对标尺也要做相应的修正。

定义液体的体膨胀系数 β 为

$$\beta=\frac{1}{V}\frac{\text{d}V}{\text{d}t}=\frac{V-V_0}{V_0(t-t_0)} \tag{3-21}$$

式中　V——温度 t 时对应的液体体积（L）；

V_0——标准温度 t_0 时液体体积（L）；

t、t_0——不同时刻温度值（℃）。

若在温度 t_0 和温度 t 时分别对同一压力 p 进行测量，则有

$$p=\rho_0 g H_0=\rho_t g H_t \tag{3-22}$$

式中　ρ_0——工作介质在 t_0 温度时的密度（kg/m^3）；

ρ_t——工作介质在温度 t 时的密度（kg/m^3）；

H_0——温度 t_0 时液柱高度读数（m）；

H_t——温度 t 时液柱高度读数（m）。

所以有

$$H_t=\frac{\rho_0}{\rho_t}H_0 \tag{3-23}$$

显然，

$$\rho_t=\frac{\rho_0}{1+\beta\Delta t},\quad \Delta t=t-t_0 \tag{3-24}$$

可得到

$$H_t=(1+\beta\Delta t)H_0 \tag{3-25}$$

同样，在温度 t 时读取的液柱高度 H_t 也可变换成温度 t_0 时的液柱高度，即

$$H_0 = \frac{H_t}{1+\beta\Delta t} \tag{3-26}$$

当温度从t_0变化到t时，标尺也要膨胀，因此对标尺也要进行温度修正，由于标尺的制作是在20℃的恒温下进行的，因此在使用时当$t>20$℃时，标尺会伸长，当$t<20$℃时，标尺会缩短，必须对它做相应的修正。取α为标尺线膨胀系数，即

$$H_t = [1+\beta(t-t_0)]H_0 - \alpha H_t(t-20℃) \tag{3-27}$$

因此，温度t时的液柱高度为

$$H_t = \frac{1+\beta(t-t_0)}{1+\alpha(t-20℃)}H_0 \tag{3-28}$$

由温度所引起的修正量为

$$\Delta H = H_0 - H_t = \frac{\alpha(t-20)-\beta(t-t_0)}{1+\alpha(t-20℃)}H_0 \tag{3-29}$$

标准液体压力计按规定在20℃的恒温下进行检定，检定证书中给出的是20℃时的数值。当不在20℃时使用时，可按式（3-30）进行相应换算。

$$H_t = H_{20}\frac{1+\beta(t-t_0)}{[1+\beta(20℃-t_0)][1+\alpha(t-20℃)]} \tag{3-30}$$

（4）高度的读数误差　一般来说，高度的读数误差主要来源于人的视差及仪器的放置方法不正确。而标尺刻度的不确定度可以忽略，因为在现有的生产水平下，标尺刻度的准确度远高于压力测量的准确度。

1）正弦误差。当视线不水平地读数时，视线和水平面之间成一夹角θ，若标尺与测量玻璃管之间的距离为l（见图3-7），则由此所产生的读数误差为

$$\Delta h = l\sin\theta \tag{3-31}$$

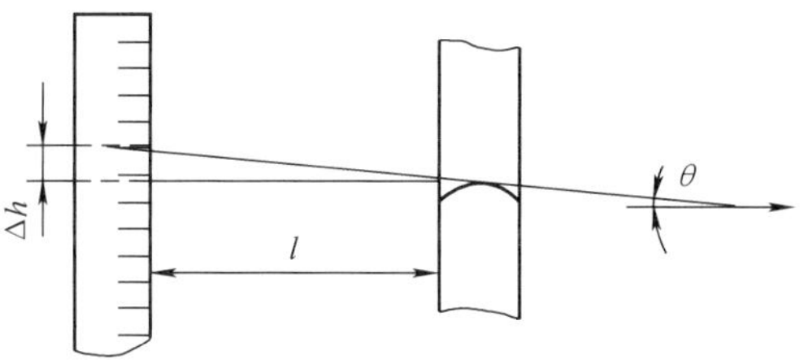

图 3-7　正弦误差

当θ较小时，近似地有$\Delta h = l\theta$。

这表明Δh为θ的一次方误差，影响较大，同时，标尺与测量管之间的距离也与Δh成正比。为了减小正弦误差，除了设法使视线保持水平外，还要尽可能地缩短标尺与测量管之间的距离。为此有的标尺刻在镜子上，在读数时设法使镜子上的影像与液面重合，由此来保证视线的水平。或者直接把标尺刻在测量管上以缩短测量管与标尺之间的距离。

2）余弦误差。在测量过程中，当使用仪器安放不垂直时，会使液柱倾斜一个角度α，从而产生液柱高度的读数误差。当测量高度为h时，其液柱的真实高度为

$h_0 = h\cos\alpha$（见图 3-8），其测量误差为

$$\Delta h = h - h_0 = h(1-\cos\alpha) = 2h\sin^2\frac{\alpha}{2} \qquad (3\text{-}32)$$

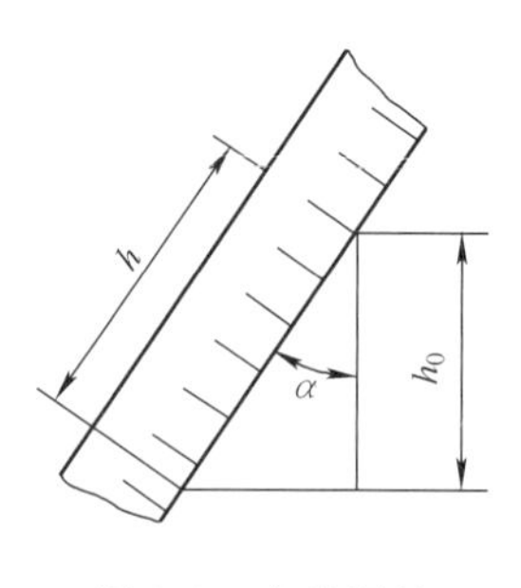

图 3-8　余弦误差

数值很小时，有 $\Delta h = \frac{\alpha^2 h}{2}$。这表明 Δh 与 α 的关系为二次方关系，相对于读数的正弦误差的影响要小些，但是由于液柱高度 h 远远大于标尺与玻璃管之间的距离，因而余弦误差这个量也是不可忽略的。

3）视差。使用 U 形管压力计或杯形压力计时，若用肉眼读取液柱高度必然带来误差。由于这种仪器至少需要一次读数，或者进行二次读数，因此在每个检定点上，绝对误差中应包括读数的视差，一般每次直接读数的视差为 0.2 ~ 0.5mm。由此可见，被测量的压力越大，因视差而引起的相对误差就越小。

4）标尺刻度误差。正如前文所述，标尺刻度的准确度远高于压力的测量准确度，一般情况这项误差可以忽略，只有在标尺材料有形变时才要计算这项误差。

5）零位误差。零位误差包括零位对准误差和零位回复误差。零位对准误差就是使用或检定前，调整好零位液面后，加压或疏空，使工作介质在管内移动，然后去掉压力或疏空，观察液面偏离零位的数值。零位回复误差是指示值检定后零位回复读数的误差，它与管内壁本身的清洁度及工作介质的纯净度有关。

（5）传压气柱误差　使用液体压力计测量气体压力时，多数情况是将被测压力用引压导管引入测量仪器进行测量的。这时仪器的指示值，只是引入仪器特定部位的压力。特定部位与被测空间的压力还存在气柱高度压力差。因而指示压力值与被测点压力值不相等。要得到正确的被测点的压力值，就需要进行引压介质的高度差修正。

例如，如图 3-9 所示，一受压容器中点 1 处的压力为 p_1，用 U 形压力计去测量，其右端与受压容器相通，左端与大气压力 p_0 相通。

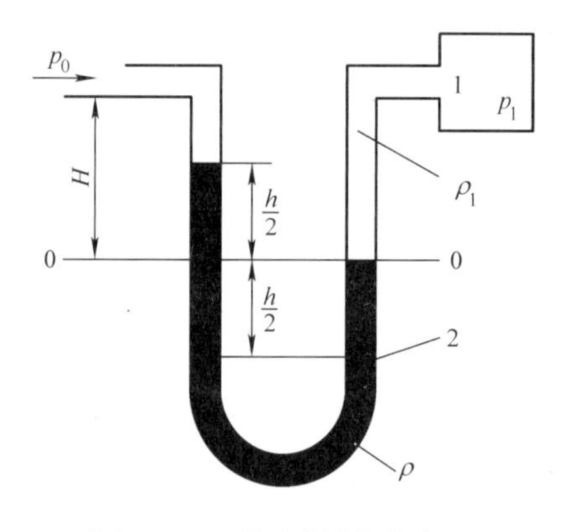

图 3-9　U 形压力计气柱自重修正示意图

在压力 p_1 作用下，右管液面下降，左管液面上升，压力平衡时，有 $p_2 = p_0 + \rho g h$。p_2 为点 2 处的压力。点 2 所受的压力除 p_1 外，还受气柱自重的压力，故点 1 和点 2 所受压力并不相等，气柱的气体密度 ρ_1 随压力不同而变化。当液柱压力从零增大为 h'时，传压

介质的密度即由 ρ_1 增至 $\rho_1\left(1+\frac{h'}{H_0}\right)$，故压力平衡方程式为

$$p_1+\rho_1\left(1+\frac{h'}{H_0}\right)g\left(H+\frac{1}{2}h'\right)=\rho gh+\rho_1 g\left(H-\frac{1}{2}h'\right)+p_0 \tag{3-33}$$

将式（3-33）整理化简得：

$$p_1-p_0=\rho gh-\rho_1 gh\left(1+\frac{H+\frac{1}{2}h'}{H_0}\right) \tag{3-34}$$

或

$$p=\rho gh-\rho_1 gh\left(1+\frac{H+\frac{1}{2}h'}{H_0}\right) \tag{3-35}$$

式中　ρ_1——检定时传压介质密度（kg/m^3）；

H——仪器零点液面与测压点的空间高度的空气柱压力值（Pa）；

H_0——仪器使用时大气压力值（Pa）；

h'——右管与液柱高度差相等的空间的气柱高度产生的压力值（Pa）。

式（3-35）中的 $\rho_1 gh\left(1+\frac{H+\frac{1}{2}h'}{H_0}\right)$ 是 U 形压力计测量表压时气柱压力的修正量。其他各种仪器结构和测量压力的不同（如表压、负压、差压），气柱修正式略有差异，但原理是一样的。

2. 液柱式压力计的检定

（1）检定前的准备工作　根据检定规程的要求，选择适宜的标准器具和配套设备以及工作介质；试验场所需要达到规程要求的环境温度偏差要求、温度波动度要求和湿度要求，周围无影响检定工作的机械振动等；被检仪表检定前需按要求进行清洗、灌装工作介质，并进行预压操作，确保充分润滑管壁和排除工作液体中的气体；对台式液柱压力计的水平位置进行调整，使圆形水准器气泡处于中心位置，壁挂式液柱压力计则应竖直悬挂；按照规程要求在规定的温度、湿度环境下放置 2h 以上。

（2）检定项目和方法

1）外观检查。采用目力观察，检查被检仪表的铭牌标识、标尺长度和刻度、标示单位、指示或读数装置、调节装置等是否符合检定规程的要求。

2）零位（点）误差检定。零位对准调节并稳定后，观察一段时间，读取零位偏离值。对于补偿式微压计，转动旋转标尺，使补偿式微压计的垂直标尺和旋转标尺处于零位，旋转调零螺母，调节小容器，使反射镜中反映出的读数尖头与其倒影相切

（尽量接近，但不接触），调整好零点液位，再升降大容器重新对准零位，并读取旋转标尺的示值，如此进行3次操作，其最大偏差值对应的压力值即为零位对准误差；而当示值误差检定完成后，使补偿式微压计的接口通大气，调整旋转标尺使读数尖头与其倒影相切，读取旋转标尺示值，该示值对应的压力值即为零位回复误差。

3）示值误差检定。液柱式压力计的示值误差检定，是通过被检仪表示值与标准器示值直接比较的方法进行的。根据检定规程要求选取合适的检定点，依次进行升压（疏空）操作，待压力稳定后在各个检定点读取被检仪表和标准器示值，并根据检定规程的计算方法给出示值误差。

4）密封性检查。对液柱式压力计施加规定的压力值（或疏空值），关闭连接阀门后，保持10min，观察被检仪表后5min的压力下降情况。

5）耐压强度检定。补偿式微压计、0.4级及以上的精密U形管压力计和杯形压力计需进行耐压强度项目的检定。在未灌装工作介质的条件下，用四通管将被检仪表两端、检查标准表以及气源相连，均匀缓慢增压至规定测试压力，保持一段时间，观察后5min检查标准表的示值变化和液柱式压力计有无泄漏和损坏。

3. 液柱式压力计的使用和维护

液体压力计具有结构简单、使用方便、测量准确度高等优点，但也有结构不大牢固、玻璃管容易碰碎等缺点。如果使用维护不当，则测量结果达不到应有的准确度。在使用中应注意以下几点：

1）仪器使用人员，首先应全面了解仪器结构与原理，在此基础上方能得心应手地使用和维护仪器，达到正常工作的目的。刚接触仪器的人员，应首先熟悉仪器使用说明书。

2）生产现场使用中的仪器和实验室使用较久的仪器，测量管和杯形容器可能受环境污染，致使回零不好、示值超差。这时必须拆卸清洗。对玻璃管可用清洁液（包括稀盐酸）清洗，对金属管和杯形金属容器可用120号溶剂汽油清洗，再用蒸馏水和乙醇清洗并烘干。注意不要损伤管子内壁；在拆、装过程中，工作应仔细，用力要均匀，以防损坏仪器。

3）仪器使用时，首先应使仪器处于竖直状态，避免由此而产生的系统误差。仪器上有铅垂线的，应对好铅垂位置；有水准泡的，应调好仪器的水平位置。

4）仪器使用的工作介质应符合有关检定规程的要求。若工作介质的密度不符合要求，将直接影响压力测量的准确度。常用的工作介质有蒸馏水、纯净的汞和乙醇。当它们使用一段时间以后，蒸馏水容易脏污、汞易氧化、乙醇易挥发。这些现象都使介质密度值失准，应予更换。

5）当仪器灌注工作介质后，应彻底排除仪器内腔和工作介质中的空气。若介质中有空气存在，在仪器使用（检定）过程中，当空气溢出后，最易发现的误差是零位回复误差。这项误差的大小，视空气含量的多少而定。排气的方法：开始时，可缓慢加压使液柱升高，液面在升至测量管中部时加压可稍快，临近测量上限时再缓慢加压，直至测量上限处，并做耐压试验。如果仪器密封性合格，再缓慢减压至零位。如此反复几次，将工作液体中夹杂的空气或管壁上吸附的气体排除干净，同时润湿了管壁，为检定创造了条件。

6）调好液柱的零点示值。液柱对准零点刻线的调整，一般分粗调和细调两个步骤。

粗调时，当工作液体注入仪器的容器后，不一定使液柱准确对准零点刻线。如果是蒸馏水，最好适量多装一点，这样在调试仪器的密封性和浸润管壁后，液位就可能对准零点刻线了，对于汞也可稍多装一点，注意适量，避免过多地增、减工作介质，以免增大工作量。

细调时，在排除工作介质中空气的基础上，再调整零点示值的效果较好。调零的理想要求是使液柱高度处于标尺零值刻线的中心。若液柱不在零值刻线上，可移动零位调节部件或采用加、减液柱高度的办法来达到调准零位的目的，如果零点有示值误差，则会在全部计量过程中带来系统误差。

7）仪器与产生压力源之间的连接管，最好是软管。注意软管的强度，不能因受压而膨胀，测量负压的软管最好是真空管。即无论测量正压和负压的连接管，在极限压力作用下，都不应有变形现象发生。

8）防止汞溢出于仪器之外。为了防止汞因突然加压过大而冲出仪器外面，可用软管套在通大气的玻璃管上，另一端放在盛水的容器内。这样可使冲出的汞盛在有水的容器内，以免流失造成实验室的汞污染。

9）注意杯形液体压力计的刻度标尺是否做了容器截面比值的修正。若未做修正，应附有玻璃管与杯形容器截面比值的数据证书。根据截面比值对各点示值按公式 $h = h'(1 + K)$ 进行修正。当测量管损坏或其他原因需要更换时，要注意新管的内径最好与原管一样，若不一样时，应重新计算容器截面比值，以免造成误差。

10）检定或使用旧制单位的一、二、三等标准液体压力计时，应分别进行温度、重力加速度和传压气柱高度差的修正。采用法定计量单位（Pa）的新制造液柱式压力计，因无国家或行业标准，需要修正的参数及修正方法视生产厂的产品说明书而定。

11）标准仪器与工作用仪器检定与使用的环境温度要求见表 3-6。

表 3-6　环境温度要求

计量器具	温度范围/℃	温度波动度/℃
一等标准器	≤（20±2）	≤±0.5
二等标准器	≤（20±5）	≤±1
三等标准器	≤（20±10）	≤±5
工作用仪器	≤（20±10）	≤±5

12）被测介质不能与仪器工作液体混合或起化学反应。当被测介质与水或汞发生化学反应时，应更换其他工作液体或采用加隔离液的方法解决。常用的隔离液见表 3-7。

表 3-7　常用的隔离液

测量介质	隔离液	测量介质	隔离液
氯气	98%的浓硫酸或氟油、全氟三丁胺	氨水、水煤气、醋酸、碳酸钠	变压器油
氯化氢	煤油	氢氧化钠	磷酸三甲酚酯
硝酸	五氯乙烷	氧气	甘油、水
三氯氢硅	石蜡液	重油	水
氨氧化气	稀硝酸	—	—

13）仪器应定期清洗、定期更换工作液体和定期进行计量检定。计量检定的周期一般为两年，周期性检定有效期结束或进行过仪器修理须经检定合格后方可投入使用。

14）仪器使用完毕后，应将压力或负压力全部消除，使其处于正常状态。仪器内能通大气的管子应加防尘罩或堵塞，以免液面氧化或脏污。仪器暂时不用时，应用仪器罩罩上，防止灰尘侵入仪器内。

15）液体压力计在使用中的常见故障及处理方法见表 3-8。

表 3-8　常见故障及处理方法

故障现象	原因	处理方法
仪表指示不正常，小于或反应不出被测介质的变化	引压管密封性不良，有渗漏现象；测量管连接处不密封；容器底部有浮游渣粒	检查管线找出泄漏处，并加以消除；选择内径略小于玻璃管外径的塑料管或扎牢；拆卸底部，取出残渣
仪表无指示	引压管堵塞；露于大气一端的通口堵塞；容器底部接头堵塞；容器与测量管连接的塑料管或测量管与引压塑料管因弯折而堵塞	逐段检查引压管堵塞处，并加以疏通；排除通口处的堵塞物；切断引压管，拆开容器吹洗接头；调整塑料管的长度，放大曲率半径，固定好或选用厚壁塑料管；更换密封垫片

（续）

故障现象	原因	处理方法
测量管接头连接处泄漏	塑料管老化；连接用的塑料管内径太大	更换塑料管；选用内径略小于玻璃管外径的塑料管
刻度不清晰	工作液体或测量管污染变脏	清洗工作液体或测量管；清洗杯形容器、测量管，更换工作液体

3.4 液柱式压力计的应用案例

1. 液柱式压力计在大型存储容器上的应用

在各种大型液体储存容器如油罐的日常管理中，U形压力计起着至关重要的作用，它直接反映了油罐的压力变化。

油罐所采用的U形管压力计均为液柱式，它是根据流体静力学原理，用一定高度的液柱所产生的静压力平衡被测压力的方法来测量显示正负压差的。U形管的特点是：结构简单、坚固耐用、价格低廉、读数方便、无须消耗外接动力。目前U形管压力计工作液常用蒸馏水代替，但蒸馏水在气温较高时蒸发流失快，在温度降到0℃以下时工作液就会凝固结冰，导致U形管冻裂，不利于日常维护保养及油罐正负压力监测，因此选取合适的工作液显得尤为重要。

1）结合储存环境，根据温度变化，选取不易蒸发、低温性能好的液体。其次，进行筛选，选取不易燃易爆、对玻璃管无腐蚀、对油品不会造成污染的液体。

2）选取合适的密度，U形管压力计的测量精度由测量范围和被测压力的大小以及工作液的选取所决定。在U形管压力计的工作液确定后，测量范围越大、被测压力越高，其测量精度就越高。以蒸馏水为工作液时测量5kPa的压力时精度为±0.5%，2.5kPa的压力时精度为±1%，1kPa的压力时精度为±2.5%。

3）为方便观察、读数及较好的流动性，尽量选取黏度较低的液体，如果黏度较高则会影响真实数值，从而影响最终的测定结果。

4）使用中还应注意被测压力必须小于或等于U形管压力计的测量范围的上限值，并注意保持U形管压力计管内壁及工作液的清洁纯净，不用时应将控制阀关闭或用纱布、棉花堵住管口，以保持U形管压力计的测量精度。

2. 液柱式压力计在血压测量中的应用

如图3-10所示，汞柱式血压计就是一种液柱式压力计，它具有结构简单、使用方便、计量准确、价格便宜等优点，是目前医疗卫生部门广泛使用的一种测量人体血压的计量仪器。

汞柱式血压计在测量血压前，某一端与大气相通，外界压力为大气压；另一端与加压气球相通，未加压前，压力也为大气压，因此汞柱处于零位。示值管的汞液面与储汞瓶内汞液面处于同一水平面上。当加压气球施加一定压力时，汞液的两部分液面发生移动，储汞瓶液面下降，示值管液面上升，其液面差反映了两部分自由表面所受的外力差（这种高于大气压的差值一般称为表压力）。

实际使用中的汞柱式血压计是一种杯形压力计，它是利用一个截面面积较大的容器作为储汞瓶，用一个较小截面面积的玻璃管作为示值管。使用杯形压力计进行压力测量时，被测压力与储汞瓶相接，大气与示值管连接，从而达到测量血压目的。

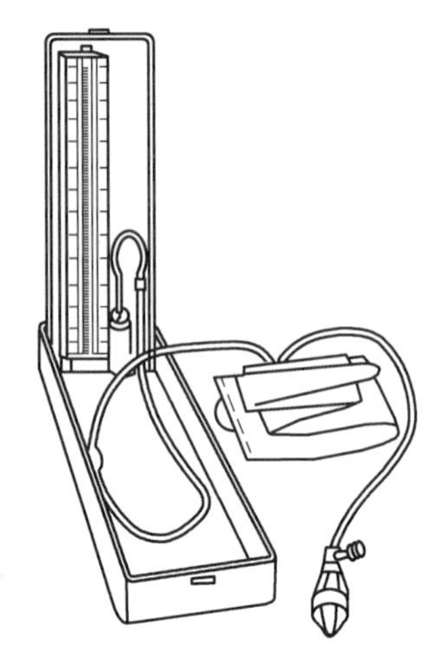

图 3-10　汞柱式血压计

以台式血压计为例，下面介绍其一般情况下的使用方法：

1）将血压计竖直放置，打开汞液开关，在不加压时，检查汞柱凸面是否与零位对齐，否则要调整零位。

2）要保证血压计各连接处密封性良好，不得有漏气、漏汞现象发生。

3）为保证被测者血压值正确，要求被测者在测量前安静 3～5min，上身穿紧身衣服者应脱下衣服再缠臂带。同时，要求被测肘关节要伸开，测压高度位置应与心脏平齐。对于测量部位和身体姿势处于特殊情况时，要予以记录。

4）缠好臂带后，最好选用听诊器听到脉搏声后再打气加压。听诊器应放在肱动脉搏动位置上，不得压得太重，当然也不能放得太松以免听不到声音。

5）打气加压时，应避免加压过量，一般认为压力超过被测者高压 2.7kPa～4.0kPa（20mmHg～30mmHg）即可，然后轻轻旋动排气阀，降压速度一般为：在高压附近心脏跳动一次降 0.3kPa（2mmHg）为宜，但当得知低压后应迅速排气至零。

6）测量血压时的读数原则：眼睛要平视，读取汞柱凸面上缘所对应的数值。

7）测量完毕后，使血压计向右倾斜 45°，使汞液全部回到储汞瓶后，关闭开关，将臂带胶球整理好，关上外壳。请注意气球一定放在盒内右侧支架内，以免压碎玻璃管。

第4章　活塞式压力计

4

4.1　活塞式压力计的工作原理与结构

利用压力作用在活塞上的力与砝码重力相平衡的原理制成的压力计称为活塞式压力计。它在压力计量技术中，占有非常重要的地位。在液体压力计所不能测量的压力范围内，活塞式压力计是一种准确度最高的测压仪器。近年来，在低压与微压范围内，也开始使用各类气体活塞式压力计取代液体压力计。

1. 活塞式压力计的原理和组成

活塞式压力计是根据帕斯卡定律和流体静力学力平衡原理为基础进行压力计量的。作用在活塞底面上的压力使承载砝码的活塞浮于工作介质中，此时砝码、承重盘和活塞的质量所产生的重力与被测压力作用在活塞有效面积上的力相平衡，故有

$$p=\frac{Mg}{S_e} \tag{4-1}$$

式中　p——被测压力值（Pa）；

M——承重盘、活塞、砝码的质量之和（kg）；

g——重力加速度（m/s^2）；

S_e——活塞有效面积（m^2）。

由式（4-1）可知，活塞和活塞筒的加工准确度越高，有效面积越准确，且砝码的称量越准确，则所测压力的准确度也就越高。活塞有效面积越小、所加砝码质量越大，则产生的压力越大。因此，在高压测量中往往采用小面积的活塞，这样所需的砝码质量可以相应地减少，减轻操作时的工作强度。但活塞太细，活塞受压后可能会出现失稳现象，活塞杆的弯曲和形变会造成机械摩擦阻力增加，从而降低测量精度。

活塞式压力计的特点是测量范围大、环境温度影响较小（与液体压力计相比），由于活塞在活塞杆内的浮动，可平衡部分压力的波动，因此能稳定地保持系

统内的压力值。但由于活塞组件存在一定的间隙，长时间使用会有一定的工作介质外泄；测压时必须加减砝码，不能连续测量压力值。

活塞式压力计由活塞系统、专用砝码和校验器三大部分组成。

1）活塞系统（活塞组件）是由活塞、活塞筒组成的测压部件，活塞与活塞筒之间是一种有间隙的配合，一般不能互换。

2）专用砝码（活塞式压力计配套的砝码）是带有轮缘的实心圆盘，并有一定的外径和平行度要求的尺寸，中心具有同心的凹部和凸部，以供砝码之间的配合，砝码上有供调整质量的调整腔。对于高准确度等级的活塞式压力计配套砝码还有无磁性、表面粗糙度、重心高度的要求。

3）校验器用以安装活塞系统和被检接口，并有造压功能；底座上有压力泵、阀和连接管等，并要求有良好的密封性。

由于活塞式压力计具有测量范围宽、准确度高、结构相对简单、使用方便等优点，多适用于量值传递。

2. 活塞式压力计的重要参数

在式（4-1）中，使用了活塞的有效面积，而非活塞的几何面积，是因为活塞与活塞筒之间存在间隙，间隙中的工作介质在作用压力下缓慢地溢出，活塞底面下的工作介质逐渐减少，活塞以近似恒定的速度下降，工作介质对活塞侧壁有黏滞摩擦力作用，可通过运动流体的理论公式计算，并得到活塞的三个重要的参数：活塞有效面积、活塞下降速度和活塞转动延续时间。

（1）活塞有效面积　一般而言，活塞间隙 h 与活塞半径 b 相比约为 10^{-3} 数量级，因此在此环状间隙中的流体流动相当于在两个无穷大平板之间流动。活塞下降速度在3mm/min以内，活塞的运动处于层流状态（雷诺数远小于2300）。

设置坐标系，设活塞与活塞筒的间距为 h，活塞的下降速度为 v，活塞底部的压力为 p_1，活塞上部的压力为零（通大气）。由于间隙 h 很小，因此可忽略在 y 方向上因液体自重产生的压力梯度，即 $\frac{\partial p}{\partial y}=0$，可以认为 $p=p(z)$，与 y 无关。那么取 μ 为介质的动力黏度，实际的流体运动微分方程（纳维－斯托克斯、Navier－Stokes方程）为

$$-\frac{\mathrm{d}p}{\mathrm{d}z}+\mu\frac{\partial^2 u}{\partial y^2}=0 \tag{4-2}$$

其相应的边界条件为

$$y=0\text{ 时，}u=0\text{；}y=h\text{ 时，}u=v \tag{4-3}$$

解方程（4-2），得到

$$u=\frac{1}{2\mu}\frac{\mathrm{d}p}{\mathrm{d}z}y^2+c_1y+c_2 \tag{4-4}$$

利用边界条件式（4-3），活塞间隙中流体的速度分布为

$$u=\frac{1}{2\mu}\frac{\mathrm{d}p}{\mathrm{d}z}(y^2-hy)+\frac{v}{h}y \tag{4-5}$$

由式（4-5）可知，间隙中流体的速度由两部分组成：

第一部分：

$$u_1=\frac{1}{2\mu}\frac{\mathrm{d}p}{\mathrm{d}z}(y^2-hy) \tag{4-6}$$

这部分是压差引起的速度分布，与 y 是二次抛物面的关系。

第二部分：

$$u_2=\frac{v}{h}y \tag{4-7}$$

这部分是由活塞引起的剪切流，与 y 是一次正比关系，由于下降速度 v 很小，压力 p 很大，所以间隙中流体从活塞上端部溢出的流动，主要是第一部分即压力差决定的。

进一步计算活塞下降时所受的黏滞摩擦阻力，设活塞几何面积 $S=\pi b^2$，b 为活塞半径，活塞筒内径为 a，活塞在工作介质中的工作长度为 l，由牛顿摩擦定律，作用在活塞上的切应力为

$$\tau=\mu\frac{\mathrm{d}u}{\mathrm{d}y}\bigg|_{y=h} \tag{4-8}$$

假设$\frac{\mathrm{d}p}{\mathrm{d}z}=\frac{p}{l}$，则活塞受到的黏性阻力 F 为

$$F=\int_0^l 2\pi b\tau\mathrm{d}z\approx\pi bhp \tag{4-9}$$

从上面的分析可以看出，活塞除了受自身重力 Mg 的作用，以及活塞底部压力产生的向上的力 pS 作用外，还受到向上的黏滞摩擦阻力 F 的作用，当处于平衡状态时，有

$$Mg=pS+\pi bhp=p(S+\pi bh) \tag{4-10}$$

定义活塞的有效面积为

$$S_e=S+\pi bh \tag{4-11}$$

即活塞有效面积S_e等于活塞几何面积 S 加上活塞与活塞筒间隙面积的一半。

引入了活塞有效面积概念后，压力的计算公式可以简化，因为活塞有效面积中已经考虑了活塞下降运动中黏滞摩擦力的作用。

（2）活塞下降速度　利用活塞系统间隙中工作介质的速度分布公式（4-5），

并假设$\frac{dp}{dz}=\frac{p}{l}$，则从活塞间隙中流出的液体流量为

$$Q = \int_0^h = 2\pi b\rho u dy = \frac{\rho\pi b h^3 p}{6\mu l} \tag{4-12}$$

另外，活塞承受 p 大小的压力，从而将介质从底部推入活塞间隙中的流量$Q'=\pi b^2\rho v$。因为 $Q'=Q$，所以

$$v = \frac{h^3}{6\mu l b}p \tag{4-13}$$

式中 v——活塞下降速度（mm/min）；

p——活塞底部流体的压力（Pa）；

h——活塞与活塞筒的间隙（mm）；

μ——工作介质的运动黏度（mm^2/s）；

l——活塞杆浸没在活塞筒内流体的长度（活塞的配合长度）（mm）；

b——活塞杆半径（mm）。

在活塞压力计中，活塞的下降速度是一个非常重要的特性参数，当下降速度很大时，就不能在压力计量时使静力平衡方程得到满足，计量的准确度得不到保证。由活塞下降速度的公式可以看出：

活塞下降速度与作用压力 p 成反比，在不同压力作用时，下降速度不同。因此，考核活塞下降速度时，不能在任意压力下进行，检定规程规定是在测量上限的压力下进行的。

在测得某一压力 p_1 时的下降速度就可以推出在其他压力 p_2、p_3时的下降速度。压力越大，下降速度越大。

下降速度 v 与工作介质的运动黏度 μ 成反比。可以用润滑剂传压的工作介质的黏度范围很宽，因此可以采用改变工作介质黏度 μ 的方法来减小活塞下降速度。检定规程中，对不同的压力下工作介质的运动黏度有明确的规定。

活塞下降速度 v 与活塞系统的配合长度 l 成反比，当 l 减小时，活塞下降速度会增大，从而影响活塞式压力计的准确度，为此在使用中必须在活塞上标记其工作位置，或限定一定的工作范围。

活塞间隙 h 对活塞下降速度的影响最大，为三次方关系。活塞间隙越小，活塞下降速度越小。但由此可能会使活塞的机械摩擦力增大，使得活塞压力计的灵敏阈有所降低，同时也会影响准确度。所以，活塞与活塞筒必须经过精密研磨配对后使用。

根据测得的下降速度 v 可反求活塞系统间隙 h 的大小，即 $h=\sqrt[3]{6\mu l b v/p}$，此值

可以用来作为长度测量得到的活塞直径的一个旁证。

（3）活塞转动延续时间 活塞式压力计使用时，必须是活塞转动，此方法的目的是利用活塞和活塞筒的相对转动，尽可能地消除直接接触而产生的机械摩擦，从而大大提高压力计的测量准确度。

检定规程规定，以120r/min的初始转速顺时针方向转动，由于阻力作用，转速逐渐降低，直至完全停止，自开始转动至完全停止的时间间隔，称为活塞的转动延续时间，规程规定了不同量程、不同准确度活塞的最少延续时间。活塞的转动延续时间是衡量活塞式压力计准确度的重要指标之一。

工作液体在活塞压力计中因活塞的旋转而产生周向运动速度v_θ。在坐标系中，$\partial v_\theta/\partial\theta=0$，活塞的下降速度很小，可近似为零，$\partial v_z/\partial z=0$；此外流体在径向方向的速度为零，即$v_r=0$。那么描述流体运动的微分方程可表示为

$$\frac{\mathrm{d}^2 v_\theta}{\mathrm{d}r^2}+\frac{1}{r}\frac{\mathrm{d}v_\theta}{\mathrm{d}r}-\frac{v_\theta}{r^2}=0 \tag{4-14}$$

解微分方程，得到

$$v_\theta=c_1 r+\frac{c_2}{r} \tag{4-15}$$

利用边界条件

$$\begin{cases} v_\theta\big|_{r=a}=0 \\ v_\theta\big|_{r=b}=v_0 \end{cases} \tag{4-16}$$

式中 v_θ——活塞的旋转产生的周向运动速度（r/min）；

a——活塞筒内半径（mm）；

b——活塞杆半径（mm）；

v_0——活塞初始旋转速度（r/min）。

确定常数c_1和c_2，解得

$$v_\theta=\frac{v_0}{a^2-b^2}\left(-br+\frac{a^2 b}{r}\right) \tag{4-17}$$

在活塞旋转时，阻止其旋转的阻力有两种：工作介质的黏滞阻力F_1，以及活塞和活塞筒之间的机械摩擦阻力F_2，故活塞旋转的动量矩方程为

$$J\frac{\mathrm{d}w}{\mathrm{d}\omega}=F_1 b-F_2\ b_0 \tag{4-18}$$

式中 J——活塞、承重盘及砝码的转动惯量（$\mathrm{kg\cdot m^2}$）；

b_0——机械摩擦力作用半径（mm）；

ω——活塞旋转角速度（rad/s）。

工作介质的黏滞阻力为

$$F_1 = \int_0^l 2\pi b\mu\left(\frac{\partial v_\theta}{\partial r}\right)\Big|_{r=b} \mathrm{d}z \approx -\frac{2\pi l\mu v_0 b}{h} \tag{4-19}$$

解微分方程（4-18），得到

$$\omega = \omega_0 \exp\left(-\frac{2\pi b^3 l\mu}{Jh}t\right) - \frac{F_2 h b_0}{2\pi b^3 l\mu}\left[1 - \exp\left(-\frac{2\pi b^3 l\mu}{Jh}t\right)\right] \tag{4-20}$$

当采用转速（r/min）来表示时，有

$$n = n_0 \exp\left(-\frac{2\pi b^3 l\mu}{Jh}t\right) - \frac{F_2 h b_0}{4\pi^2 b^3 l\mu}\left[1 - \exp\left(-\frac{2\pi b^3 l\mu}{Jh}t\right)\right] \tag{4-21}$$

式中　n——在 t 时刻的活塞转速（r/min）；

n_0——活塞转动初始速度（r/min）；

l——活塞在活塞筒内的配合长度（mm）；

μ——工作介质的运动黏度（mm^2/s）；

F_2——机械摩擦力（N）；

h——活塞与活塞筒的间隙（mm）。

在理想情况下，机械摩擦力 $F_2 = 0$，这时转速表达式为

$$n = n_0 \exp\left(-\frac{2\pi b^3 l\mu}{Jh}t\right) \tag{4-22}$$

活塞的转动时间为

$$t = \frac{Jh}{2\pi b^3 l\mu}\ln\frac{n_0}{n} \tag{4-23}$$

从以上公式中可以看出：当机械摩擦力 F_2 为零时，$n \neq 0$，即活塞可以无限制地旋转。但实际上是不可能的，因为实际操作中，活塞在旋转时不可避免地存在着间隙摩擦力，经过一定的时间后活塞的转速为零，这段时间称为活塞转动延续时间。活塞旋转时间是考察活塞系统的一项重要指标，在其他条件相同的情况下，旋转时间的长短取决于机械摩擦力，机械摩擦力越小，活塞的转动延续时间越长，活塞系统的精度越高。

在其他条件不变的情况下，活塞转速 n 与 l、μ、b、h 及 J 成指数关系。通常在温度恒定时 μ 视为常量；l、b、h 因活塞结构的限制不可能有很大的变化，转动惯量 J 主要取决于砝码的转动惯量，而砝码的转动惯量与砝码的半径成二次方关系。因此，在活塞式压力计的检定规程中对专用砝码的直径做了明确的规定，以此来确保所需准确度下，活塞有足够的旋转时间。

通过式（4-21）的试验计算与式（4-22）的理想计算，可以判断活塞系统机械摩擦力的大小，在式（4-21）中的计算对机械摩擦力做了最简单的假设，即认为它是常量。通过对比，可较准确地确定机械摩擦力的变化形式。

4.2　活塞式压力计的分类与计量特性

4.2.1　直接加荷式活塞压力计和间接加荷式活塞压力计

1. 直接加荷式活塞压力计

活塞式压力计中，最常用的是简单型活塞，即直接加载砝码在活塞的托盘上，加压后，活塞在规定的位置上悬浮和匀速转动，并保持固有的下降速度；此时，输出一个稳定的压力量值。此结构的活塞式压力计一般测量正表压，如图 4-1 所示。

（1）仪表结构　直接加荷式活塞压力计的活塞组件为自由形变结构，活塞筒的底部受压力 p 的作用，活塞筒上表面受大气压力作用。砝码加载方式随着压力测量范围的不同，主要有以下三种：

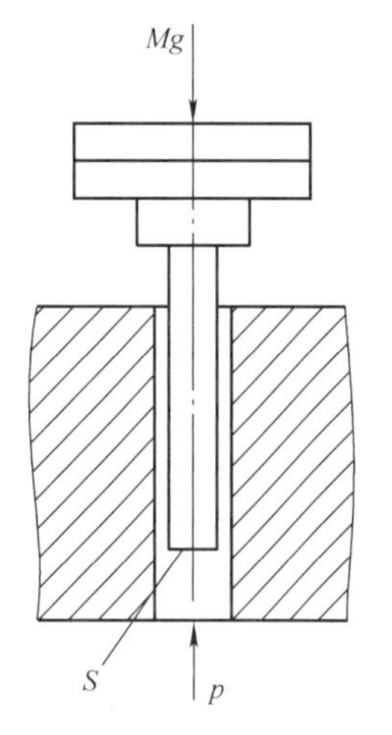

图 4-1　直接加荷式活塞式压力计原理

1）简单累积式，又称直顶式。它是最简单的加码方式，随着累积的砝码数量增加，砝码重心逐渐上移。在砝码总质量较小时使用。

2）调心累积式，又称挂篮式。利用帽子形砝码架（挂篮），使砝码的重心降低至活塞底部或活塞下方，当活塞旋转时，具有良好的稳定性。

3）吊挂式。常见于高压活塞。当单片砝码质量较大时，为了便于搬放，采取此类结构。该结构对龙门架的刚性、对称性的要求较高。

（2）计量性能要求　随着碳化钨材料的广泛应用和机加工精度的不断提高，此类活塞式压力计的准确度可覆盖 0.005 级～0.05 级，压力测量范围已扩展到 800MPa，在实际工作中有着大量的应用。

此类活塞式压力计的工作介质可分为液体和气体。对于液体活塞式压力计，一般最小测量范围上限为 0.6MPa，采用变压器油与煤油的混合油作为工作介质；当压力大于 25MPa 时，建议采用癸二酸酯作为工作介质。JJG 59—2007 中规定了液体工作介质的运动黏度，见表 4-1。

表 4-1 液体工作介质及性能指标

工作介质	工作介质运动黏度（20℃时）/$mm^2 \cdot s^{-1}$	酸值不大于/KOH $mg \cdot g^{-1}$
变压器油或变压器油与煤油的混合油	9～12	0.05
癸二酸酯（癸二酸二异戊酯或癸二酸二异辛酯）	20～25	0.05

气体活塞式压力计的测量范围一般不超过 10MPa，对于更高压力的气体活塞则采用油润滑、气介质的活塞式压力计，最高压力可达 100MPa，此时需要有增压设备提供 100MPa 的气源。

气体活塞式压力计的工作介质推荐使用高纯氮气，或使用干净、干燥的压缩空气。

因活塞式压力计的测量范围广，一般会采用不同有效面积的活塞和砝码配置来实现。有效面积名义值常用的范围为 0.02cm^2～10cm^2，视采用的工作介质类型不同而有一定差异。表 4-2 列举了不同测量范围下，活塞式压力计推荐使用的有效面积名义值。

表 4-2 不同量程的有效面积推荐值

测量范围/MPa	推荐使用的有效面积名义值					
液体介质	1cm^2	0.5cm^2	0.2cm^2	0.1cm^2	0.05cm^2	0.02cm^2
0.04～0.6	√					
0.1～6	√	√	√			
0.5～25			√	√		
1～60				√	√	
1（2）～100				√	√	
1（2）～160				√	√	
2（5）～250					√	√
250MPa 以上				√	√	√
气体介质	10cm^2	5cm^2	2cm^2	1cm^2	0.5cm^2	0.2cm^2
250kPa 以下	√	√				
0.005～0.4		√	√			
0.01～0.6		√	√			
0.02～1		√	√			
0.03～1.6			√	√		
0.04～2.5			√	√		
0.05～4				√	√	
0.1～6				√	√	
0.2～10					√	√

注：250MPa 以上量程，当采用自动加码时，可采用较大有效面积的活塞，以提高稳定性。

（3）工作原理和压力方程式　式（4-1）是活塞式压力计的基本计算公式，g

为当地重力加速度，在使用时需确认砝码配置时是否已经进行了修正。同时考虑活塞式压力计在空气中使用，由于空气浮力作用，将使砝码重力不能完全作用在活塞上，对质量为 m 的砝码，空气浮力为

$$f=\left(\frac{\rho_b}{\rho_c}m\right)g \tag{4-24}$$

因空气浮力影响，作用于活塞上的重力为

$$F=mg-f=mg-\frac{\rho_b}{\rho_c}mg=mg\left(1-\frac{\rho_b}{\rho_c}\right) \tag{4-25}$$

式中 ρ_b——空气密度（kg/m^3）；

ρ_c——砝码材料密度（kg/m^3）；

m——砝码质量（kg）；

g——使用地点重力加速度（m/s^2）。

空气浮力的影响造成的误差在常压下（101325Pa）约为 ±0.015%。一般在砝码配重时需考虑这个影响。

故活塞式压力计在实验室环境条件下使用时，测量表压可按式（4-26）计算压力：

$$p=\frac{mg\left(1-\frac{\rho_b}{\rho_c}\right)}{S_e} \tag{4-26}$$

随着压力的升高，活塞有效面积因弹性变形产生的误差加大，取 λ 为形变系数，活塞有效面积与初始有效面积的关系为

$$S_{ep}=S_{e0}(1+\lambda p) \tag{4-27}$$

这时，可按式（4-28）计算压力：

$$p=\frac{mg\left(1-\frac{\rho_b}{\rho_c}\right)}{S_e(1+\lambda p)} \tag{4-28}$$

一般 6MPa 以下，弹性形变较小，可忽略；在压力大于 25MPa 时，必须考虑 λ 的影响，也可以通过调整砝码质量来修正该影响。

$$m=pS_e\frac{1}{g}\left(1+\frac{\rho_b}{\rho_c}\right) \tag{4-29}$$

$$m_j=\frac{S_ep_j}{g}\left(1+\frac{\rho_b}{\rho_c}\right)[1+(2j+1)\lambda p_j] \tag{4-30}$$

式中 p_j——加载第 j 块砝码产生的名义压力（Pa）；

j——主砝码编号，$j=1$，2，3，…。

2. 间接加荷式活塞压力计

这种活塞压力计适用于测量上限高于25MPa的中、高压。采用间接加荷的方式是为了保护直径较小的活塞在高压下不致产生弯曲变形。间接加荷式活塞压力计的工作原理与直接加荷式的一致，它包括带有滚珠轴承和带有滑动轴承的两种活塞式压力计，如图4-2所示。

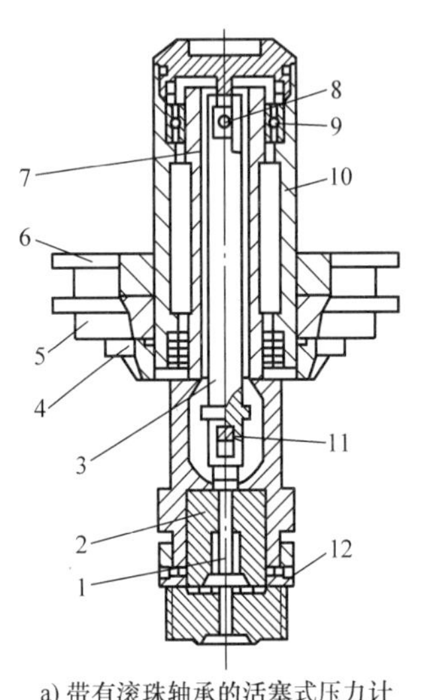

a) 带有滚珠轴承的活塞式压力计

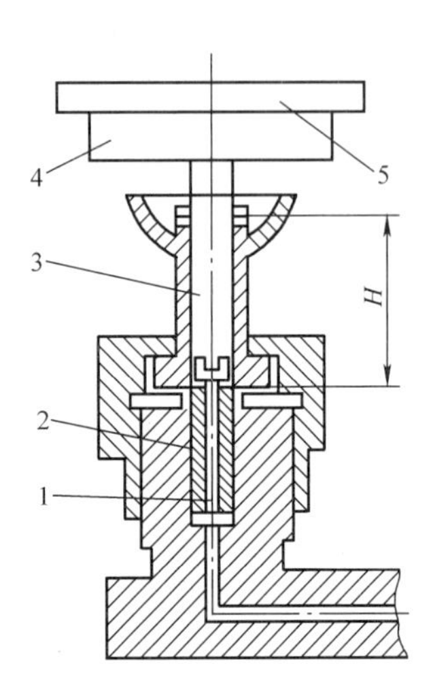

b) 带有滑动轴承的活塞式压力计

图4-2 间接加荷式活塞压力计的结构

1—活塞 2—活塞筒 3—承重杆 4—承重盘 5、6—专用砝码 7—柱体 8—销钉 9—滚珠轴承 10—承重套筒 11—滚珠 12—螺母

(1) 带有滚珠轴承的活塞式压力计 其特点是负荷加在载荷套筒上，载荷套筒通过导向滚珠及其承重杆将负载传至活塞上，载荷套筒内装有两组滚珠轴承，它与支承柱之间滚动配合，不仅可以避免活塞发生形变，而且可降低机械摩擦力，这对延长活塞转动延续时间以及提高仪器灵敏度等起一定的作用。

(2) 带有滑动轴承的活塞式压力计 带滑动轴承的负荷传递比带滚珠轴承的负荷传递要简单，主要是活塞和活塞筒，活塞的上部与装在滑动轴承内的承重杆卡接。承重杆上端是承重盘，用来放专用砝码。带滑动轴承的活塞式压力计的特点是通过承重杆加载于活塞上，而承重杆浸于充满工作介质或涂以润滑剂的套筒内，承重杆与其套筒之间滑动配合，加油脂润滑以减小机械摩擦力。

采用滚珠轴承或滑动轴承的加载装置的另一个目的是保护活塞杆，使之避免在高压下出现压杆失稳或弯曲。

4.2.2 可控间隙式活塞压力计和带压力倍加器活塞压力计

1. 可控间隙式活塞压力计

当压力逐渐升高，自由形变活塞因形变造成的活塞与活塞筒间隙增大，下降速度增大，使系统压力呈现快速泄漏状态，无法测量压力。为了减少形变的影响，美国的 Bridgman 首先提出采用反压型活塞的结构，即内压直接作用在活塞底部和活塞筒的外部，使活塞筒的内径不随着压力的增加和增大，但无法实现控制这个压力的大小；当压力达到一定数值时，活塞系统会出现抱死现象。

1967 年，美国的 Johnson 和 Heydmann 提出了利用增加一组外压结构，抵消压力形变带来的活塞筒间隙的变化，从而达到了间隙可以控制的目的（见图 4-3），并试验成功。通过活塞的形变受力分析得到测压时：外压p_j、内压p_m、下降速度 v 成一组对应关系，通过测量下降速度为最佳值时的外压p_j，得到计算实际内压 p_m 的公式为

$$p_m = \frac{mg_L(1-\rho_{air}/\rho_M)}{A_{20}(1+bp_0)[1+a(t-20)][1+\alpha(p_2-p_j)]} \tag{4-31}$$

式中 m——砝码质量（kg）；

g_L——当地重力加速度（m/s^2）；

ρ_{air}——空气密度（kg/m^3）；

ρ_M——砝码材料密度（kg/m^3）；

A_{20}——20℃时在大气压下活塞的有效面积（m^2）；

b——材料系数，$b=\frac{3\mu-1}{E}$，E、μ 分别为活塞材料的弹性模量和泊松比；

p_0——名义内压（Pa）；

a——温度每变化 1℃时活塞有效面积的微小变化量（m^2/℃）；

t——实际温度（℃）；

α——特征参数，即外压每变化 1MPa，活塞有效面积的变化率；

p_2——在压力 p_m下，活塞失速（下降速度为零）时的外压（Pa）；

p_j—— 下降速度为最佳值时的外压（Pa）。

可控间隙式活塞压力计工作介质为甘油和乙二醇的混合液，在上述原理下，超高压最高可达到 2600MPa。

为修正活塞有效面积需求出 α，即外压改变时活塞有效面积的相对变化率。其值同样可通过实验来确定，其方法是在改变外压测量活塞下降速度的同时，用一台

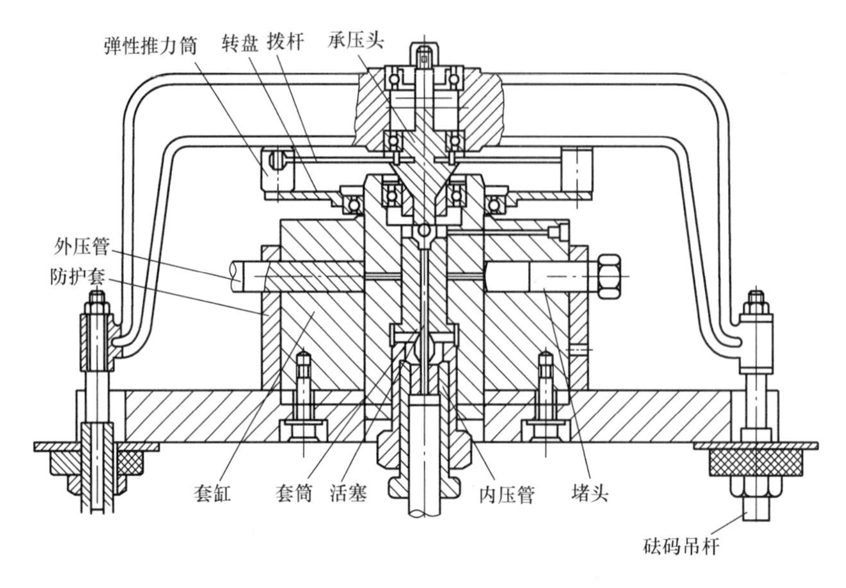

图 4-3　可控间隙式活塞压力计结构

经过标定的高压压力计配以数字多用表，测出不同的外压下测量压力的示值，即可求出 α。即

$$\alpha=\frac{s_{i+1}-s_{i-1}}{s_i\left(p_{\mathrm{j}(i-1)}-p_{\mathrm{j}(i+1)}\right)}=\frac{p_{\mathrm{m}(i-1)}-p_{\mathrm{m}(i+1)}}{p_{\mathrm{m}i}\left(p_{\mathrm{j}(i-1)}-p_{\mathrm{j}(i+1)}\right)} \tag{4-32}$$

式中　s_i——本次测量时的活塞有效面积（m^2）；

s_{i-1}——前次测量时的活塞有效面积（m^2）；

s_{i+1}——后次测量时的活塞有效面积（m^2）；

$p_{\mathrm{m}i}$——本次测量时的内压（Pa）；

$p_{\mathrm{m}(i-1)}$——前次测量时的内压（Pa）；

$p_{\mathrm{m}(i+1)}$——后次测量时的内压（Pa）；

$p_{\mathrm{j}(i-1)}$——前次测量时的外压（Pa）；

$p_{\mathrm{j}(i+1)}$——后次测量时的外压（Pa）。

通过对间隙中流体黏滞力的分析可以得出

$$p_{\mathrm{j}}=p_2-M\sqrt[3]{v_p} \tag{4-33}$$

式中　v_p——测量压力与砝码重力平衡时的活塞下降速度（mm/min）；

M——常数。

这样就可以用试验方法来求取 p_2，在某一 p_{m} 下，改变 p_{j} 并同时测定某一 p_{j} 下的活塞下降速度，并按直线规律去拟合 $p_{\mathrm{j}}-\sqrt[3]{v_p}$ 数据点，然后将此直线外延至下降速度为零处，便可得出这台活塞式压力计在某一测量压力下的 p_2。

2. 带压力倍加器活塞压力计

带压力倍加器活塞压力计主要用于高压级超高压的测量，工作原理与水压机增压原理相似，设法改变 $p=Mg/S_e$ 中 S_e 的值，来获得较高的压力。其结构如图 4-4 所示。

仪器的外壳与装有定位螺钉的底座相连，在壳体的下部装有高压活塞，其直径较小，活塞筒采用反压型结构。在高压活塞上部有低压活塞系统，其活塞直径较大，并与直接加负荷的简单活塞系统相连。

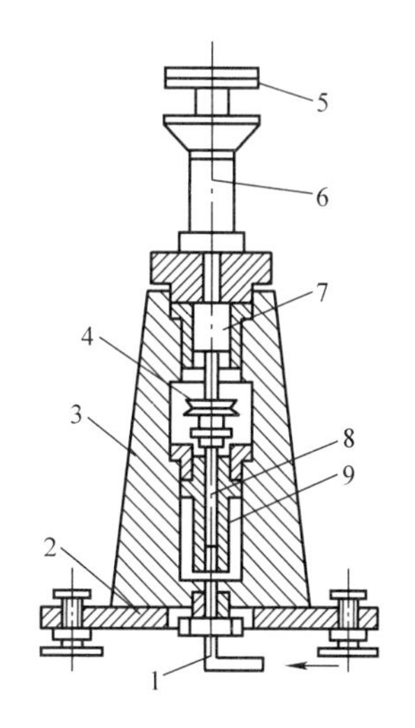

图 4-4　带压力倍加器活塞压力计结构

1—导压管　2—底座　3—壳体　4—传动轮　5—简单活塞系统　6—活塞筒　7—低压活塞　8—高压活塞　9—反压圆筒

低压活塞和高压活塞处于同一垂线上，并通过滚动支座销子接头将两个活塞相互连接。因此，当固定在低压活塞上的传动轮借助电动机转动时，两个活塞同时转动。

被测压力通过导压管通入高压活塞的底部，使高压活塞和低压活塞同时上升，从而使在低压活塞和简单活塞之间的工作介质产生压力，与加放在简单活塞上的专用砝码产生压力相平衡。

由于高压活塞面积小于低压活塞面积，因此，用专用砝码所产生的平衡压力小于被测压力，其减小的量与两活塞面积之比有关，若被测压力为 p，p_n 为低压活塞上端面处的压力（即简单活塞所产生的压力），S_1 为低压活塞有效面积，S_2 为高压活塞有效面积，M 为高、低压活塞及其连接件的质量，那么高、低活塞系统的平衡方程为

$$pS_2=p_nS_1+Mg \tag{4-34}$$

令 $K=S_1/S_2$，显然 $K>1$。式（4-34）改写为

$$p=Kp_n+p_0 \tag{4-35}$$

式中　p_0——活塞系统的重力所产生的压力（Pa），$p_0=Mg/S_2$。

显然，K 越大，则表明在简单活塞上用较小的砝码质量所产生的力就可测较高的压力。由于 p_0 比 Kp_n 小很多，所以可以认为被测压力 p 比 p_n 大 K 倍。如 $K=100$，简单活塞的测量上限为 5MPa，压力计的可测压力高达 500MPa；简单活塞的测量上限为 10MPa，压力计的可测压力高达 1000MPa。

4.2.3 单活塞式压力真空计和双活塞式压力真空计

1. 单活塞式压力真空计

单活塞式压力真空计是一种活塞系统可正置或倒置，分别测量正压和负压的活塞式压力计。使用的工作介质是变压器油，传压介质是空气或其他无毒、无害、化学性能稳定的气体。用变压器油是满足活塞系统润滑的需要；用气体是避免液柱误差，提高仪器的准确度。

单活塞压力真空计的基本结构如图4-5所示。

它由活塞系统、油杯、压力微调器、阀门和压力泵组成。这种仪器的活塞系统，当活塞向上时，可测正压；当活塞系统整体地沿着一个固定水平轴翻转180°时，可测负压。

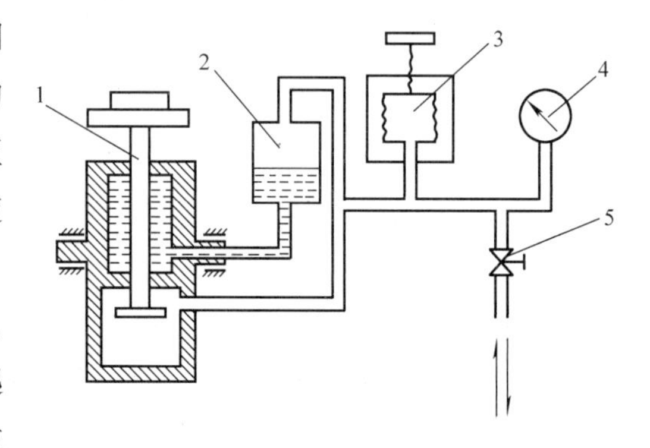

图4-5 单活塞式压力真空计的基本结构

1—活塞 2—油杯 3—压力微调器

4—被检压力表 5—阀门

单活塞压力真空计有一只活塞，活塞筒内有两个活塞环，同活塞一起分别组成正表压和负表压的活塞有效面积。活塞筒上有两个进压孔，压力泵产生的表压力 p 经阀门，分为两路进入活塞系统：一路气压进入活塞筒的下部；另一路气压作用于油杯的液面，将油压入活塞筒上、下环之间的空间，此时活塞筒下部空间至中部油压孔的压力均为 p。而油压孔至活塞筒上端口的压力由 p 逐渐减至零（大气压力），根据帕斯卡定律和液压静力平衡原理，对活塞有效面积和活塞筒内各部位的受力情况做以下讨论：

（1）正表压活塞有效面积的计算式

1）下部活塞和间隙面积的受力情况。单活塞压力真空计的活塞直径和上、下环的内环直径各有基本一致的几何尺寸。为叙述方便，设活塞半径为 b，上环内半径为 $a_{上}$，下环内半径为 $a_{下}$。

2）下部活塞截面面积受力情况。下部活塞与限位螺母用螺纹连接形成一个整体，沿活塞直径的轴线方向为螺母的受压面积。当压力 p 作用于活塞下端面，有力平衡方程式：

$$p\pi b^2 = m_1 g \tag{4-36}$$

式中 πb^2——活塞下端面截面面积（m^2）；

m_1g——活塞所受重力（N）。

3）限位螺母的受力情况。限位螺母处于同一压力的容器中，所以各微元面积 A_x 所受的压力相等，故有 $\sum p A_x = 0$（共点、共线、反向合力为零）。

4）下环间隙面积受力情况。压力计测量正表压时，油压 $p_{油}$ 与气压 $p_{气}$ 同时作用于下环间隙的有效面积上。由于 $p_{油} = p_{气}$，故有

$$(p_{油} - p_{气})\frac{\pi}{2}(a_{下}^2 - b^2) = 0 \tag{4-37}$$

由式（4-37）可知，当测量正表压时，下环间隙面积受压后不能显示力的作用，即间隙面积不起作用。

由上述讨论可知，由于下环间隙不显示力的作用，即无间隙面积之半 $\left[\frac{\pi}{2}(a_{下}^2 - b^2)\right]$ 的定义值，故下环活塞不是测量正表压的活塞有效面积。由于限位螺母只有重力作用，故在检定过程中有无限位螺母都不影响活塞有效面积。因检定而重新安装活塞系统时，如限位螺母同活塞连接，往往不易排尽活塞系统中的空气，这样给准确测定活塞有效面积带来误差，此时可将限位螺母放在承重盘之上进行检定。

5）上环间隙对应的活塞面积和间隙面积。测正表压时，上环位置处的活塞面积和间隙面积处于工作状态，同简单活塞有效面积一样均受力的作用，则上环活塞有效面积为

$$A_{上} = \pi b^2 + \frac{\pi}{2}(a_{上}^2 - b^2) \tag{4-38}$$

综合上述讨论，单活塞压力真空计测量正表压时，活塞有效面积为上环活塞截面面积加间隙面积之半，与下环间隙面积无关。

（2）测量负表压时活塞有效面积的计算式　当测量负表压时，通过调整阀门，使油杯通大气。此时油压孔至油塞上部端口的压力均为大气压力 p_0。故上环部分的上、下两端的大气压力互相抵消，上环间隙面积不起作用。此时只有下环间隙面积起作用，当压力泵产生的负压力并作用在下环间隙面积和活塞截面面积，故有

$$A_{下} = \pi b^2 + \frac{\pi}{2}(a_{下}^2 - b^2) \tag{4-39}$$

由式（4-39）可知，负压活塞有效面积为下环活塞截面面积加间隙面积之半。

（3）活塞式压力计油杯中油柱压力对准确度的影响　在一般的压力测量中都要考虑流体（油、气）的附加压力对测量准确度的影响，从而决定这项误差的取舍或修正。压力计油杯液面高于油压孔约 0.2m，从 $p = \rho gh$ 这个液压基本公式分

析，这项误差是较大的，应做修正。但是从压力计的结构特征上做受力分析和面积误差分析，这项误差又是可以忽略的，为此做以下讨论：

油压孔界于上、下环之间。油液在油柱压力作用下进入油压孔后，油压分别作用于上环间隙面积 $\Delta A_{上}$ 和下环间隙面积 $\Delta A_{下}$，即上环间隙面积的作用力为 $\rho gh\Delta A_{上}$，下环间隙面积的作用力为 $\rho gh\Delta A_{下}$。而上、下环间隙面积的油柱压力 ρgh 相同，力的方向相反，其合力的大小就是油柱压力对准确度的影响程度。设 $\Delta A_{上}=\Delta A_{下}$，则

$$\rho gh\Delta A_{上}=\rho gh\Delta A_{下} \tag{4-40}$$

即油柱合力为零。由此可知，无论油柱有多高，当两个环隙面积相等时，都无附加误差，也就是无附加误差修正量。

油柱压力误差也可用试验方法证明：设用 1m 长的塑料软管连接油杯与油压孔，将油杯取下并逐步升高至 1m，在这一工作过程中，活塞工作位置仍无变化，这也说明油柱压力误差远小于压力计允许基本误差。

2. 双活塞式压力真空计

双活塞式压力真空计是由简单活塞和差动活塞彼此连接组成的直接负荷的活塞式压力计，用于测量正压和负压。

（1）仪表结构　双活塞压力真空计的结构如图 4-6 所示。

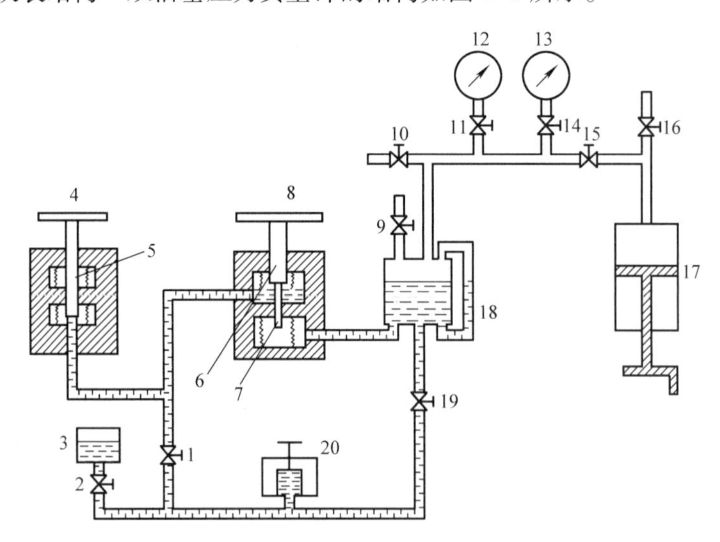

图 4-6　双活塞压力真空计的结构

1、2、9～11、14～16、19—阀门　3—油杯　4—简单活塞承重盘　5—简单活塞
6—差动活塞上半部　7—差动活塞下半部　8—差动活塞承重盘
12、13—压力表　17—加压泵　18—油气隔离器　20—微调器

它由简单活塞、差动活塞和油气隔离器连通构成零点补偿系统，使压力计的起始压力为“零”，并利用此补偿系统完成对正、负压的测量。补偿系统的工作介质为变压器油。

双活塞式压力真空计测量范围下限为 -0.1MPa，上限可为0.25MPa、0.4MPa、0.6MPa或1MPa。双活塞式压力真空计的准确度等级分为0.02级和0.05级，适用于对精密压力表、液体柱压力计、压力传感器或一般压力仪表进行检定和压力测试。

（2）工作原理和压力方程式　工作原理基于流体静力学的力平衡原理，当油气隔离器通大气时（打开阀门9），大气压力作用在差动活塞上的压力与通过工作液体传到差动活塞底部的大气压力大小相等、方向相反，彼此抵消。因此，当油气隔离器通大气时，大气压力对差动活塞的压力可不考虑。

在测量工作开始前，应先进行零位平衡调整，其方法与步骤如下：打开阀门9，使油气隔离器与大气相通，起动电动机，使两个活塞转动并稳定地处于工作位置，达到平衡。而平衡可用微调器通过阀门19使油气隔离器的液位升降来实现；或者向承重盘加（减）小砝码的方法来达到平衡。在平衡时，有方程式：

$$\frac{m_2 g}{A_3}(A_2 - A_1) + \rho g h A_1 = m_1 g \tag{4-41}$$

式中　m_1——差动活塞及其连接零件质量（kg）；

m_2——简单活塞及其连接零件质量（kg）；

A_1——差动活塞下部小活塞有效面积（m^2）；

A_2——差动活塞上部小活塞有效面积（m^2）；

A_3——简单活塞有效面积（m^2）；

ρ——工作介质密度（kg/m^3）；

g——压力计使用地点的重力加速度（m/s^2）；

h——油气隔离器液面与小活塞下端面的液柱高度（m）。

当测量压力时，关闭阀门2、9、10、16、19，打开阀门1、11、14、15，由加压泵17产生的压力p进入压力表12、13，同时作用于隔离器中的液面时，差动活塞承重盘8升高，简单活塞承重盘4下降。在差动活塞承重盘8上加砝码m'_1，使简单活塞与差动活塞恢复平衡位置，平衡方程为

$$\frac{m_2 g}{A_3}(A_2 - A_1) + \rho g h A_1 + pA_1 = (m_1 + m'_1) m_1 g \tag{4-42}$$

由式（4-42）减去式（4-41），得

$$p = \frac{m'_1 g}{A_1} \tag{4-43}$$

式（4-43）即为正表压的计算式。

同理，测量负表压时，也是在两活塞调整到平衡零点后进行的。当“零点”达到平衡后，关闭通大气的阀门9，将加压泵17的手柄逆时针摇动，产生负压值 p_v，此时负压值同样作用于隔离器的液面，进而作用在A_1上，p_v在差动活塞上的作用方向是垂直向上的，但由于大气压力大于 p_v，因此差动活塞将下降，平衡状态被破坏。在简单活塞承重盘4上加砝码 m'_2，恢复初始平衡状态，平衡方程为

$$\frac{(m_2 + m'_2)g}{A_3}(A_2 - A_1) + \rho g h A_1 + pA_1 = m_1 g \tag{4-44}$$

由式（4-44）减式（4-41），得

$$\frac{m'_2 g}{A_3}(A_2 - A_1) = -pA_1 \tag{4-45}$$

整理后得

$$p = -\frac{m'_2 g}{A_1 A_3}(A_2 - A_1) \tag{4-46}$$

令 $K = \dfrac{A_2 - A_1}{A_3}$，则

$$p = -K\frac{m'_2 g}{A_1} \tag{4-47}$$

式中，负号表示 p 为负表压。

因$A_2 - A_1$ 的面积值即为上环的面积值，故 K 值等于上环的面积与简单活塞面积比值。简单活塞的公称面积为1cm^2，环的公称面积为0.5cm^2，故 $K=0.5$，差动活塞的公称面积为0.5cm^2。

双活塞压力真空计所用专用砝码的质量，应按差动活塞有效面积、使用地点重力加速度 g 和空气浮力进行配重，压力砝码质量计算式为

$$m = pA_1 \frac{1}{g}\left(1 + \frac{\rho_b}{\rho_c}\right) \tag{4-48}$$

式中 ρ_b——空气密度（kg/m^3）；

ρ_c——砝码材料密度（kg/m^3）。

测量负压时，砝码质量也应按差动活塞有效面积、比例常数 K、仪器使用地点重力加速度 g 和空气浮力配重，其质量计算式为

$$m_v = p_v \frac{A_1}{K}\frac{1}{g}\left(1 + \frac{\rho_b}{\rho_c}\right) \tag{4-49}$$

4.2.4 带液柱平衡的活塞压力计

带液柱平衡的活塞式压力计，是用液柱的压力来平衡活塞自重所产生的起始压力，使压力计量从零开始。

（1）仪表结构 如图 4-7 所示，仪器主体包括活塞系统、液柱系统和加压系统三大部分。

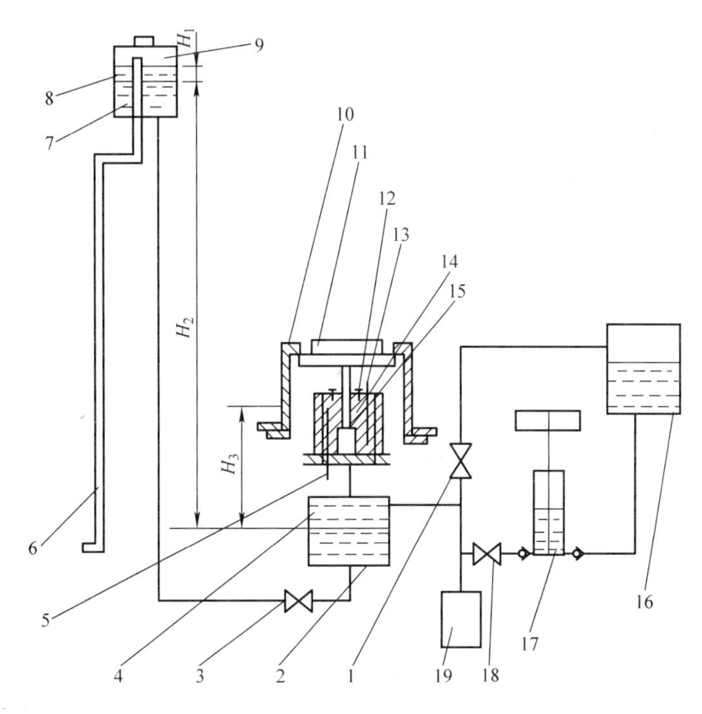

图 4-7 带液柱平衡活塞式压力计的结构

1—卸荷阀 2—低位大容器 3—汞截止阀 4—变压器油 5—温度计 6—测压管 7—汞 8—硅油 9—高位容器 10—砝码挂篮 11—活塞 12—压紧螺母 13—活塞工作位置指示器 14—活塞筒 15—O 形圈 16—油杯 17—压力泵 18—截止阀 19—调压器

活塞系统由活塞、挂篮和活塞筒组成，并与低位大容器相连，工作液体是变压器油或溶剂煤油。油塔内是汞，安装有阀门，与油塔顶部的大容器相连；顶部大容器内有硅油，防止汞与外部气体接触。外部加压系统通过油杯与底部大容器相连，并用变压器油将活塞与汞隔离。外部加压系统可产生正压或负压。活塞由电动机带动旋转。

（2）工作原理和压力方程式 如图 4-8 所示，当油塔与大气相通时，油塔内油液受大气压力作用，而承重盘上加载固定砝码，利用一定高度的液柱产生的压力

与活塞的起始压力相平衡。平衡方程式为

$$\rho gh=(\rho_1 h_1+\rho_2 h_2+\rho_3 h_3)g=\frac{mg}{A} \tag{4-50}$$

式中 ρ_1——底部大容器变压器油密度（kg/m^3）；

h_1——底部大容器变压器油高度（m）；

ρ_2——油塔内汞密度（kg/m^3）；

h_2——油塔内汞高度（m）；

ρ_3——顶部大容器内硅油密度（kg/m^3）；

h_3——顶部大容器内硅油高度（m）；

m——活塞、挂篮及砝码质量（kg）；

g——仪器使用地点的重力加速度（m/s^2）；

A——活塞有效面积（m^2）。

当压力泵产生的压力作用于油塔的液面上时，活塞上升，可在承重盘上加专用砝码 m'，使其重新平衡，平衡方程式为

$$p+\rho gh=\frac{(m+m')}{A}g \tag{4-51}$$

将式（4-51）减去式（4-50），得

$$p=\frac{m'g}{A} \tag{4-52}$$

式（4-52）表明：被测压力 p 与活塞及其连接零件的重力和液柱的重力无关，压力从零开始测量。

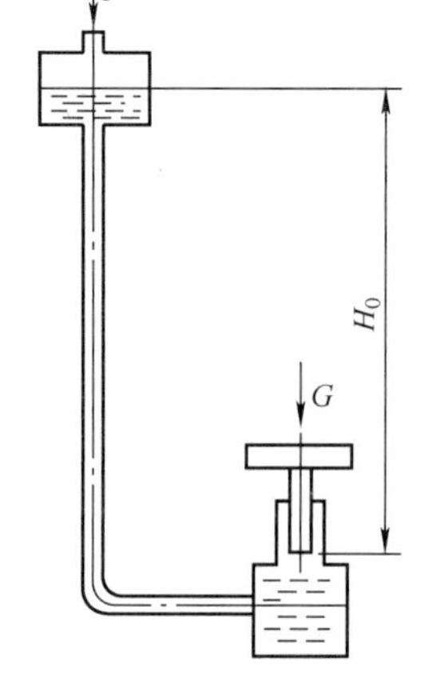

图 4-8 工作原理示意图

负压测量时，压力作用于油塔的液面上时，活塞下降，可在承重盘上减小专用砝码 m'，使其重新平衡，平衡方程式与正压一致，m'为减小的砝码质量。

（3）气柱压力误差的计算和修正 活塞空载平衡零点后，由于压力的增加，液柱密度变化量很小，不影响压力计的准确度，可以忽略不计。在平衡零点后，作用于油塔液面的气体压力与作用于被检（一般与活塞位置相近高度）的压力存在气柱高度差 l，因而两者压力不相等。其差值就是高度为 l 的传压气柱自重对压力表产生的压力。由于气体是可压缩的，密度 ρ 随压力不同而变化，高度差对应的压差计算式为

$$\mathrm{d}p=-\rho_{气}g\mathrm{d}l \tag{4-53}$$

简证 $\rho=\frac{\mu}{RT}p$ 过程：$pV=nRT\Rightarrow p=\frac{n}{V}RT\Rightarrow p=\frac{m/V}{m/n}RT\Rightarrow p=\frac{\rho}{\mu}RT\Rightarrow\rho=\frac{\mu}{RT}p$。故

$\mathrm{d}p=-\frac{\mu g}{RT}p\mathrm{d}l$；积分 $\int_{p_0}^{p}\frac{\mathrm{d}p}{p}=-\int_0^l\frac{\mu g}{RT}\mathrm{d}l$，得

$$p=p_0\,\mathrm{e}^{-\frac{\mu g}{RT}l} \tag{4-54}$$

式（4-54）是在气体介质内，由于重力场作用，已知某点压力 p_0，求距该点高度为 l 处压力的基本公式。

对于带液柱平衡活塞式压力计，空载平衡零点后，由于压力的增加，使导管中空气密度值增大所造成的压力差与所加压力之比值 K 为

$$K=\frac{p_0-p}{p}=\frac{p_0}{p}-1=\frac{p_0}{p_0\,\mathrm{e}^{-\frac{\mu g}{RT}l}}-1 \tag{4-55}$$

式中 μ——空气的摩尔质量（kg/mol），$\mu=29\times10^{-8}\mathrm{kg/mol}$；

T——热力学温度（K），20℃时 $T=293\mathrm{K}$；

R——气体常数（$\mathrm{J\cdot mol^{-1}\cdot K^{-1}}$），$R=8.31\mathrm{J\cdot mol^{-1}\cdot K^{-1}}$。

则有

$$\frac{\mu g}{RT}=1.168\times10^{-4}\mathrm{m}^{-1} \tag{4-56}$$

故

$$K=\mathrm{e}^{1.168\times10^{-4}l}-1 \tag{4-57}$$

4.2.5 浮球压力计

前面叙述的液体型活塞压力计只能测量表压和负压，而气动型活塞压力计不仅可以测量表压、负压，还能测量绝对压力。气动型活塞压力计是在活塞系统中利用气体作为工作介质，用来测量工作介质相同的压力。浮球压力计就是气动型活塞式压力计的一种，它的特点是结构简单，使用方便，测量准确度相对较高，同时具有长时间自动保持平衡的性能，只要供气气源充足，仪器能输出一个稳定的压力信号。

如图4-9所示，浮球压力计由球形活塞、托架、锥形喷嘴和专用砝码组成。工作原理是压缩空气经流量调节器送到球形活塞的下部，使球形活塞悬浮在一个锥形的喷嘴中，当球形活塞与喷嘴之间的间隙所排出的气体流量与流量调节器中流出的流量相等时，托架和砝码处于悬浮的平衡位置，此时浮球压力计输出一个稳定的压力。

当输入流量有微量变化时，球形活塞所受到的射流气体对它的作用会相应的变化，其位置会略有变化，从而调节球形活塞与锥形喷嘴之间的气体流速，达到新的平衡位置，在平衡位置时有

$$p = \frac{mg}{S_e} \tag{4-58}$$

式中 S_e——球形活塞的有效面积（m^2），即球与锥形喷嘴内流线相切的分界面的投影面面积。

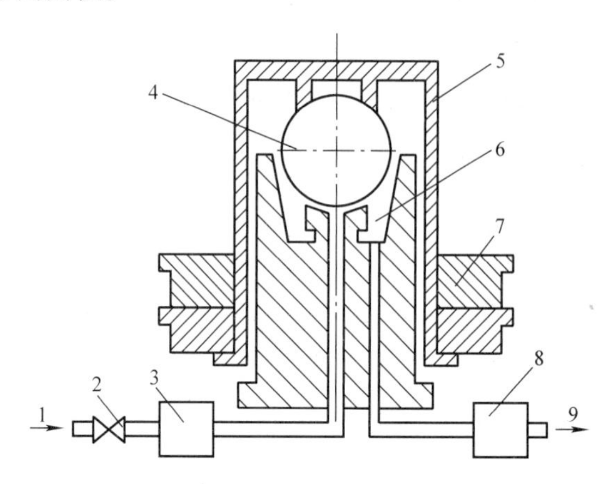

图 4-9 浮球式压力计的结构

1—气源 2—阀门 3—流量计 4—浮球 5—承重架

6—锥桶 7—专用砝码 8—稳压器 9—输出压力

目前，浮球式压力计的测量范围为 0.002MPa ~ 0.25MPa 和 0.005MPa ~ 0.025MPa，测量准确度等级分为 0.05 级和 0.02 级。

4.3 活塞式压力计的计量方法

1. 活塞式压力计的主要修正量

活塞式压力计的测量误差主要来源于使用环境条件的改变和仪器本身的结构特性。这些误差大多是可以修正的。

（1）重力加速度影响的修正 我国各生产厂家生产的压力计专用砝码，其质量一般是按标准重力加速度（$9.80665m/s^2$）计算后制作的。我国幅员辽阔，各地重力加速度不同，同一台压力计的一组专用砝码，在不同地区使用时，所得到的压力值就不相同，甚至会严重影响压力计的准确度。如在北京新购置一台压力计，不做重力加速度修正而在成都使用时，将引起 ±0.157% 的误差。因此，新购置的活塞式压力计必须进行重力加速度修正。

重力加速度与所在地的海拔、地理纬度有关，可用下式计算：

$$g_{\varphi} = \frac{9.80665(1 - 0.00265\cos 2\varphi)}{1 + \frac{2H}{R}} \tag{4-59}$$

式中　g_{φ}——使用地点的重力加速度（m/s^2）；

R——地球半径（m），$R=6371\times10^3$m；

H——测量地点的海拔（m）；

φ——使用地点的地理纬度（°）。

若按 g_A 修正的压力计砝码移至 B 地（重力加速度为 g_B）使用时，两地测得的压力值有如下关系：

$$p_A = p_B \frac{g_A}{g_B} \tag{4-60}$$

这就是说，用同一组专用砝码在 A 地测得的压力值，是在 B 地测得压力值的 $\frac{g_A}{g_B}$ 倍。活塞式压力计在两地测得的压力之比等于两地重力加速度之比。

（2）空气浮力影响的修正　活塞式压力计的专用砝码在空气中使用，由于空气浮力作用，将使砝码重力不能完全作用在活塞上，对质量为 m 的砝码，空气浮力为

$$f = \left(\frac{\rho_b}{\rho_c} m\right) g \tag{4-61}$$

式中　ρ_b——空气密度（kg/m^3）；

ρ_c——砝码材料密度（kg/m^3）。

因空气浮力影响，作用于活塞上的重力为

$$F = mg - f = mg - \frac{\rho_b}{\rho_c} mg = mg\left(1 - \frac{\rho_b}{\rho_c}\right) \tag{4-62}$$

空气浮力的影响造成的误差，在常压（101325Pa）下约为 ±0.015%。一般在砝码配重时已考虑这个影响了。

（3）温度影响的修正　任何物体都要受温度的影响，活塞有效面积在环境温度为20℃检定，使用时若超过温度允许范围，活塞有效面积就应进行温度修正。

由活塞有效面积 A 的计算式：

$$A = \pi b^2 + \pi b(a-b) = \pi ab \tag{4-63}$$

若使用时环境温度为 t，则有

$$a_t = a_{20}[1 + \alpha_2(t-20)] \tag{4-64}$$

$$b_t = b_{20}[1 + \alpha_1(t-20)] \tag{4-65}$$

式中　α_1、α_2——活塞、活塞筒材料线膨胀系数（$℃^{-1}$），钢取 $\alpha = 1\times10^{-5}℃^{-1}$；

a_{20}、b_{20}——温度为20℃时活塞、活塞筒的半径（m）。

将 a_t、b_t 代入式（4-63），得

$$A_t = \pi a_{20} b_{20}[1+\alpha_1(t-20)][1+\alpha_2(t-20)]$$
$$= \pi a_{20} b_{20}[1+\alpha_1(t-20)+\alpha_2(t-20)+\alpha_1\alpha_2(t-20)^2]$$
$$= A_{20}[1+\alpha_1(t-20)+\alpha_2(t-20)+\alpha_2(t-20)+\alpha_1\alpha_2(t-20)^2] \quad (4\text{-}66)$$

式中 A_{20}——环境温度为20℃时活塞的有效面积（m^2）。

式（4-66）中 α_1、α_2 系数项的乘积太小可以略去，将其化简并整理得

$$\Delta A_t = A_{20}(\alpha_1+\alpha_2)(t-20) \quad (4\text{-}67)$$

即活塞有效面积随温度变化而引起的修正量等于面积的初始值乘以活塞与活塞筒的线膨胀系数之和再乘上温度之差。

由式（4-67）可知，温度修正可推广到任意温度 t，但检定规程规定活塞式压力计使用温度不得超过一定范围，这是因为温度影响比较复杂，如温度变化大，这会存在较大的温度场梯度，这种不均匀的温度场，对测量影响更难修正。

（4）活塞有效面积随压力的改变的修正量　活塞有效面积随压力的总改变量方程为

$$\Delta A = A\beta p_0 \quad (4\text{-}68)$$

对于测量上限为6MPa以下的活塞式压力计，因被测压力较小，活塞有效面积的改变也较小，活塞式压力计的准确度已包含这项误差，可不修正。而对于测量上限上为25MPa以上的活塞式压力计，此项误差必须进行修正。

测量上限为25MPa的压力计，活塞的变形量 $\Delta A = A(2.75\times10^{-6}\times25) = 0.000069A$，其相对误差$\delta_A = \frac{\Delta A}{A} = \pm0.007\%$；测量上限为250MPa压力计活塞变形量 $\Delta A = A(2.75\times10^{-6}\times250) = 0.00069A$，其相对误差$\delta_A = \frac{\Delta A}{A} = \pm0.069\%$。

测量上限为大于25MPa的压力计，由于活塞受压变形需对砝码质量进行修正，其计算式为

$$m_1 = pA\frac{1}{g}\left(1+\frac{\rho_b}{\rho_c}\right)(1+\beta p_j) \quad (4\text{-}69)$$

p_j为测量上限的一半。这个计算式不要求砝码按编号顺序使用，给检定带来方便。

测量上限为250MPa的压力计，由于活塞受压变形对砝码质量的计算式为

$$m_2 = pA\frac{1}{g}\left(1+\frac{\rho_b}{\rho_c}\right)(1+2\beta pn) \quad (4\text{-}70)$$

式中 p——加载砝码压力值（MPa），取 $p=10$MPa；

n——砝码顺序号的数值，$n=1, 2, 3, \cdots$。

起始压力按不变形压力计砝码质量计算式计算，使用时按砝码顺序号使用。

同一台 1MPa ~ 60MPa 二等标准活塞式压力计，分别用式（4-69）和式（4-70）计算，其计算值相差0.0083%。其误差是由式（4-69）带来的。而二等压力计砝码质量偏差为 ±0.02%，这种规定不影响压力计的准确度，对检定带来较大的方便。

综合以上讨论，活塞式压力计示值受重力加速度、空气浮力、温度和活塞受压变形等影响的修正量可以分别修正，也可按下列公式进行总的修正。

$$p = \frac{(m_0 + m_1 + m_2 + \cdots)\left(1 - \frac{\rho_b}{\rho_c}\right)g}{A_0[1 + (\alpha_1 + \alpha_2)(t - 20)]\beta p_0 9.80665} \tag{4-71}$$

$$p_0 = \frac{m_0 + m_1 + m_2 + \cdots}{A_0}\left(1 - \frac{\rho_b}{\rho_c}\right)\frac{g}{9.80665} \tag{4-72}$$

式中 p_0——在20℃时，活塞不变形情况下的压力（MPa）；

A_0——在20℃时，不变形活塞的有效面积（m^2）；

其他符号的意义同前。

2. 活塞压力计的检定方法

活塞式压力计的检定除前文所述的三个重要的参数：活塞有效面积、活塞下降速度和活塞转动延续时间外，根据检定规程规定，还需进行外观、密封性、承重盘平面垂直度、鉴别力、有效面积周期变化率、专用砝码和活塞及其连接件质量等项目的检定。

（1）检定前的准备　应按照规程的要求，在检定前选取合适的计量标准器和配套设备；选取液体工作介质时应充分考虑介质的运动黏度和酸度值均应符合规程要求，采用气体作为工作介质时，宜采用安全、洁净、干燥的气体，如高纯氮气；注意在检定前采用航空汽油（或溶剂汽油）对液体活塞系统和校验器进行清洗、清洁，待表面溶剂挥发后，再注入工作介质；在满足环境温湿度要求的实验场所放置2h以上。

（2）活塞式压力计的检定项目和方法

1）外观检查。目测检查活塞式压力计铭牌标识和信息是否清晰、完整和准确，用手转动活塞，活塞应灵活，并能上下自由地在活塞筒内移动，无卡滞现象，活塞和活塞筒工作表面应光滑无锈点，不应有影响计量性能的锈蚀和划痕。

用电动机带动的活塞式压力计可采用通电检查，电动机转动应正常、平稳无跳动。

活塞专用砝码及其承重盘、连接件表面应完好，有耐磨防锈层的砝码不得有锈点，同时应光滑无损伤。承重盘和砝码上应标有编号、压力值或标称质量值，标称值相同的专用砝码应有顺序编号。专用砝码应采用无磁性金属材料，各砝码凹凸面需能正确配合，不得过松或过紧，并应保持同心。如果承重盘或砝码上有调整腔，调整塞（螺钉、金属塞）的上表面不应高于承重盘或砝码表面。

2）密封性检查。使校验器充满工作介质后，在其中一个测试端接上精密压力表或数字压力计，关闭通向活塞和其他接口的阀门，用校验器增加压力至规定压力值，保持10min，从第11min开始，计算后5min的压力下降值，其值不应超过检定规程规定值。

3）活塞承重盘垂直度检查。对于液体、气体活塞式压力计和活塞式压力真空计，先调整校验器底脚螺钉使其处于水平位置，然后将活塞筒安装到校验器上，用校验器造压把工作介质压入连接导管和活塞筒内，液体工作介质需从活塞筒溢出且无气泡排出后，将活塞放入活塞筒内，加压将活塞升到工作位置。注意在安装过程中尽量避免用手直接接触活塞和活塞筒，以避免活塞系统受温度变化的影响。把水平仪放在活塞式压力计承重盘（顶部）中心处，调整专用螺钉，使水平仪的气泡处于中间位置，然后把水平仪转动90°（承重盘不动），用同样的方法调整，使气泡处于中间位置。这样反复调整后，直至这两个位置上，气泡均处于中间位置。将水平仪分别在0°、90°位置上（0°为第一次放置的任意位置），在每个位置均将承重盘转动90°、180°，读取水平仪气泡对中间位置的偏离值。

对于活塞系统已装上水准器的活塞式压力真空计，上述要求达到后，应检查活塞系统水准器水泡是否在中间位置，如果不在中间位置，须对水准器进行调整。

对于双活塞式压力真空计，先调整校验器的底脚螺钉，使校验器上的水准器气泡处于中间位置。此时用砝码压住其中一个活塞，使另一活塞升到工作位置。把水平仪放在承重盘上，则水平仪的气泡应保持在中间位置，然后将水准器转动90°（承重盘不动），水准器的气泡仍应处在中间位置。再次将承重盘转动90°、180°，读取水平仪在任一方向上偏离中间位置的值。用同样方法检查另一个活塞的垂直度。

4）活塞转动延续时间的检定。按照规程规定的负荷压力将专用砝码放在活塞承重盘上，然后造压使活塞处于工作位置，以（20±1）rad/s的角速度按顺时针方向转动，自开始转动至完全停止的时间间隔为活塞转动延续时间。

对于活塞式式压力真空计，活塞转动延续时间的检定需在带惯性轮和不带惯性轮的不同状态下分别测量。

对于双活塞式压力真空计，活塞转动延续时间的检定时应先排除油路系统中的空气，用砝码压住一个活塞，使另一个活塞升到工作位置，活塞在空载下以最大角速度按顺时针方向转动，从开始到完全停止的时间间隔为该活塞的转动延续时间。

对于单独用于正表压、负表压或绝对压力测量的气体活塞式压力计，活塞转动延续时间的检定在测量范围下限数值对应的正压下进行；对既用于正表压测量又用于负表压测量的气体活塞式压力计，在负表压的测量范围下限数值对应的正压下进行。

活塞转动延续时间的检定需按相同的方法进行3次，取其平均值，该值不应大于检定规程的相关要求。

5）活塞下降速度的检定。在测定活塞下降速度之前，必须排除内腔中的空气。按检定规程规定的负荷压力造压，使活塞处于工作位置，将通往活塞的阀门关闭，在专用砝码中心处放置百分表（或千分表），使表的触头垂直于专用砝码水平面且升高3mm～5mm，然后以30r/min～60r/min的角速度按顺时针方向自由转动砝码，保持3min，然后观察百分表（或千分表）指针移动距离，并同时用秒表测定时间，每次测定时间不少于1min，记录1min的活塞下降的距离。

对于活塞式压力真空计，先用上述方法测量压力状态下的活塞下降速度后，再使活塞筒侧孔通大气，用同样方法测量疏空状态下的下降速度。

对于双活塞式压力真空计，测定时要打开通大气的阀门，测定简单活塞下降速度时，需在差动活塞上加放1kg的专用砝码，使其升到比工作位置高约2mm处；测定差动活塞下降速度时，需在简单活塞上加放相当于产生测量范围上限压力的砝码质量。

对于气体活塞式压力计，在活塞上加放能产生测量范围上限压力的专用砝码。气体活塞式压力计若只用于测量负表压，其测量范围上限按100kPa计算；若既用于正表压又用于负表压测量，测量范围上限按正表压部分测量范围上限计算且不小于100kPa。

活塞下降速度的检定需测定3次，取其最大值，该值应不大于检定规程的规定。

6）活塞有效面积的检定。将被检活塞式压力计和标准活塞式压力计安装在同一校验器上（或将两者通过管路连接起来），调整活塞的垂直位置，根据流体静力平衡法，将两者进行面积比较检定。活塞有效面积的检定可以采用起始平衡法和直接平衡法中的一种。本节仅介绍起始平衡法的检定方法。

首先确定起始平衡点，起始平衡点压力值一般为活塞式压力计测量范围上限的10%～20%。在标准活塞与被检活塞上加放相应数量的砝码，用校验器加压使标准活塞与被检活塞升至工作位置。在检定过程中，两活塞应始终保持在各自的工作位置，平衡过程中，活塞应以30r/min～60r/min的角速度按顺时针方向转动，若两活塞不平衡，则在上升活塞上加放相应的小砝码，直至两活塞平衡为止。起始平衡后，上面所加的所有砝码作为起始平衡质量，必须保持不变。采取相同方法在每个检定点完成后，须对起始平衡点进行复测，检定前后起始平衡质量之差不得超过相当于该点最大允许误差的10%压力的小砝码质量，否则应重新检定。

对于活塞式压力真空计、双活塞式压力真空计差动活塞的有效面积检定，起始平衡点的压力值约为0.1MPa；对于气体活塞式压力计，采用起始平衡法还需满足：标准活塞、被检活塞系统压力形变系数和热膨胀系数分别相等，专用砝码密度相同；被检气体活塞压力计准确度等级为0.05级。

7）鉴别力（阈）的检定。一般是在活塞有效面积检定过程中，在测量上限平衡时进行。当压力平衡后，在被检活塞式压力计上加放能破坏两活塞平衡的最小砝码质量值即为该活塞式压力计的鉴别力（阈）。

对于双活塞式压力真空计，当简单活塞与差动活塞在起始平衡点平衡时，在差动活塞上加放能破坏两活塞平衡的最小砝码质量值即为鉴别力（阈）。

8）专用砝码、活塞及其连接件质量的检定。参照JJG 99—2006《砝码检定规程》进行。

各种类型活塞式压力计专用砝码、活塞及其连接件的质量可按标称值配制。若用于直接指示压力值时，须按其活塞有效面积、使用地点重力加速度、空气浮力以及活塞压力变形系数进行修正。一般情况下，可按式（4-73）计算：

$$m = pA'\frac{1}{g}\left(1+\frac{\rho_a}{\rho_m}\right) \tag{4-73}$$

式中 m——专用砝码、活塞及其连接件质量（kg）；

p——被测量压力值（Pa）；

A'——被检活塞有效面积（m^2）；

g——使用地点重力加速度（m/s^2）；

ρ_a——周围空气密度（kg/m^3）；

ρ_m——专用砝码、活塞及其连接件材料密度（kg/m^3）。

9）活塞有效面积周期变化率的检定。检定活塞有效面积周期变化率是为了保证作为相应等级的活塞式压力计能够满足长期稳定性的要求。周期变化率是检定得到的有效面积值与上一个周期检定值的差值的绝对值与有效面积比值的百分数。

3. 活塞式压力计的使用与维护方法

一台合格的活塞式压力计，若操作使用不当，那么这台仪器的准确度就不能得到保证，因此必须正确地进行操作。为此，首先应熟悉仪器的结构和工作原理，在此基础上正确熟练地操作仪器。

1）活塞式压力计应安装在便于操作、牢固且无振动的工作台上。台面用坚硬且富有弹性的材料制成，除放置活塞式压力计和砝码外，台面应留有适当的空间方便记录和放置必要的工具。

2）新购置和使用中的仪器，要用航空汽油（或溶剂汽油）对活塞系统和校验器反复清洗，并保持清洁。清洗完毕，待汽油全部挥发后，注入清洁的工作介质（变压器油或癸二酸二异辛酯）。在传压管路中，若传压介质为油，则不允许有空气的存在；若传压介质为气体；则不允许有油的存在。因此，必须注意排气或排油。

3）活塞式压力计工作时须用水准器调整，使承重盘平面处于水平位置，这实际上要求承重底盘平面对活塞中心线（或承重杆中心线）保持垂直，使砝码重力垂直作用在活塞有效面积上，其不垂直度，对 0.02 级及以上的活塞式压力计不得超过 2′，对 0.05 级的活塞式压力计不得超过 5′。

4）活塞式压力计工作时，须按顺时针方向以 30r/min ~ 60r/min 转动活塞，活塞浸入活塞筒的长度，对无限止器的压力计应等于活塞全长的 2/3 ~ 3/4；对有限止器的压力计，活塞不得触及限止器；工作时活塞升至工作位置指示线。活塞工作位置的高低，可能影响活塞有效面积、活塞转动延续时间和下降速度。使用中不注意这一点可能给活塞式压力计量结果带来误差。

5）活塞式压力计使用时，应注意缓慢升压和降压，如果急速加减压力，不仅冲击活塞，而且有危险，特别是在活塞有负荷条件下，开启油杯阀门减压，更具危险性，这种操作应禁止。

6）使用操作活塞式压力计时，必须仔细，若发现有异常情况，应立即停止工作。待查清并排除故障后，方可重新工作。

7）给活塞式压力计加、减专用砝码时必须轻取轻放，轴线要对中。若砝码偏心，不仅引起测量误差，而且会加快活塞系统的磨损。

8）砝码质量的调整。按质量要求对砝码进行质量调整。在检定砝码时，应在天平上增减质量，然后将增加的质量（填料）装入砝码重物调整腔，将需要减少的质量从调整腔中取出。若无调整腔，又需增加质量时，则需钻孔。

9）活塞式压力计不常使用时，活塞与活塞筒应浸润在工作介质中，需要使用时再安装。

10）不同准确度等级的活塞式压力计使用时环境温度要求见表 4-3。

表 4-3　活塞式压力计使用时环境温度要求

准确度等级	环境温度/℃
0.005 级	20 ±0.5
0.01 级	20 ±1
0.02 级	20 ±2
0.05 级	20 ±5

当环境温度超过 20℃ ±5℃，其修正计算式为

$$\Delta p = p(\alpha_1 + \alpha_2)(20 - t) \tag{4-74}$$

式中　p——测量的压力值（Pa）；

α_1、α_2——活塞、活塞筒材料线膨胀系数（$℃^{-1}$）；

t——环境温度（℃）。

相对湿度要求：80%以下。

11）活塞式压力计使用过程中，应定期对活塞转动延续时间、下降速度进行校验，半年不少于一次。具体要求见检定规程。

12）活塞系统和专用砝码应配套使用。对于二等标准器，当测量上限为 25MPa ~ 250MPa 时，需对活塞变形量进行修正；当测量上限为 200MPa ~ 250MPa，配套的专用砝码须按顺序放置使用。

13）活塞式压力计不使用时，应用防尘罩罩好，以防灰尘和异物落于仪器上。

14）与活塞式压力计配套使用的其他设备，也需要定期检定。对于长期不用的活塞式压力计，也需要定期（例如半年一次）清洗、检查和试用，以保持活塞式压力计的准确度。

4.4　活塞式压力计的应用案例

1. 在活塞有效面积量值传递上的应用

活塞式压力计是复现压力的标准器，可直接利用流体静力平衡原理用高一等级的活塞式压力计进行活塞有效面积的检定，逐级溯源至国家基准。检定方法分为起始平衡法和直接平衡法（也称全压法）。

直接平衡法将已知标准活塞式压力计参考面的压力用来测得被检活塞式压力计参考面压力，再通过压力定义公式求得被检活塞有效面积；起始平衡法将选定的第一个检定点作为起始平衡点，通过调整小砝码来抵消活塞及其连接件质量和液（气）柱差产生的压力，通过标准活塞、被检活塞压力计平衡点后增加的砝码质量

来计算有效面积。

这两种方法在测量原理上都是相同的，主要的不同在于：直接平衡法需要在第一个测量点首先测量标准活塞、被检活塞式压力计参考面高度差和总质量，再计算得到有效面积值，同时在每个测量点都需要记录活塞温度，并进行温度、压力的修正；起始平衡法在小砝码达到平衡状态后增加砝码质量至其他检定点时，平衡点的砝码不再调整，也不参与有效面积的计算，测量完成后需重新对起始平衡点进行复测，确保平衡点的变化在允许误差限以内，否则需重新测量。

直接平衡法考虑了影响测量结果的各种因素，包括活塞温度变形修正、压力变形修正、专用砝码空气浮力修正、参考面高度差等因素，理论上是准确可靠的，适用于所有活塞有效面积的检定；起始平衡法忽略了不同温度、压力变化下引起的活塞变形和专用砝码空气浮力等修正，如果检定温度与参考温度过大，或活塞压力计变形系数有较大差异，则可能引入较大的测量误差。同时工作介质的可压缩性会引起介质密度的变化，使得高度差的修正项发生变化，在高压测量和气体型活塞式压力计检定时变化较为明显。因此，只有在标准活塞、被检活塞式压力计参数相同或者准确度要求较低时才采用起始平衡法，检定过程中还需要关注环境温度的变化和进行起始平衡点的复测。

2. 在压力量值传递上的应用

活塞式压力计可产生固定不连续的压力量值，故可在实验室测量数字压力计、压力变送器、压力传感器及精密压力表等其他类型压力仪表。测量方法一般采用比较法。采用图4-10所示连接方式，使用时由活塞提供固定点标准压力，被检表读取示值时需要考虑受压点与活塞底面位置的高度差。一般活塞参考面位置是在达到工作位置时活塞的下端面，测量参考面高度及与被检表受压点高度差时应尽量采取准确的手段进行，如采用准确度高的高度测量方式或通过技术说明书了解被检表的受压点位置等。当高度差引入的测量误差较大时，应对测量结果予以修正。

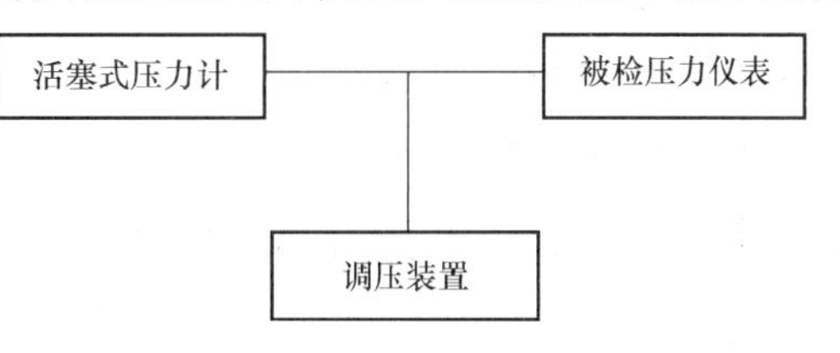

图4-10　测量连接方式示意图

工作介质选择上，当传压介质为气体时，应清洁、干燥；当传压介质为液体时，应考虑制造厂推荐的或送检者指定的液体。

这里需要注意的是，由于活塞式压力计提供的是固定不连续的标准压力值，因此不适用于需要连续测量的压力仪表或检定项目，如机械式或数字式的压力控制器、电接点压力表设定点偏差和切换差项目的检定等。

第5章　弹性元件式压力仪表

5

弹性元件式压力仪表是指以弹性元件为敏感元件测量压力的仪表，应用极为广泛，几乎遍及所有的工业、流程和科研领域。在机械制造与自动化、石油化工、电力、制药与生物技术、食品、半导体、工业气体等领域随处可见。由于机械式压力仪表的弹性元件具有很高的机械强度及可靠性，所以机械式压力仪表得到越来越广泛的应用。

弹性元件式压力仪表有悠久的发展历史。在欧洲第一次工业革命期间蒸汽锅炉得到普及应用，但是由于缺乏合适的蒸汽压力测量仪表进行监测，经常发生爆炸事故。1850年前后，法国的天才机械师尤金·波登（Eugene Bourdon，1803—1884）发明了一种就地现场显示压力表，采用一端固定的“C”形金属管来感受压力变化，后人就将这种结构的压力表测量元件称为波登管。“C”形金属管的横截面大致是接近椭圆的扁形。受压后，金属管尾端的位移通过传动杆、扇形齿轮带动指针旋转，通过指针在刻度盘上的位置就可以读出压力值。在许多工艺过程中，压力是一个关键的测量指标，用波登管压力表进行压力测量，操作和维护设备的工人就可以经常查看、读取和记录压力测量值，这对于促进当时的锅炉和蒸汽机的发展以及在各行各业的压力监测具有很重要的作用。之后又出现了膜片式和膜盒式等新的弹性材料制成的压力表。20世纪上半叶，在波登管压力仪表的基础上又出现了电接点压力表和远传压力表。从20世纪50年代开始，各种可远程传输信号的压力传感器成为压力测量仪表的主流。但有着悠久历史的弹性元件式压力仪表的发展也不会停滞不前，它也与时俱进和不断更新完善，以适应更多的广泛应用需求。

5.1　弹性元件式压力仪表的工作原理与结构

1. 工作原理

弹性元件式压力仪表的工作原理是利用各种形式的弹性元件作为敏感元件，当感受到压力作用时，弹性元件受压变形产生的反作用力与被测压力平衡，此时弹性元件的变形就是压力的函数，这样通过测量弹性元件的变形（位移量）的方法来测得压力值的大小。一般在弹性极限范围内，弹性元件的变形量与被测压力之间是正比关系。

2. 基本结构

弹性元件式压力仪表一般都是由弹性元件、传动机构（机芯）、指示装置、表盘外壳以及各种类型的接头组成的。弹性元件式压力仪表的核心部分是弹性敏感元件，一般由不同弹性材料制成弹簧管式、膜片式和膜盒式。

3. 弹性元件特性

作为弹性元件式压力仪表的核心元件，弹性元件的特性在一定程度上决定了仪表准确度等级和使用性能，这包括弹性变形、刚度、灵敏度、比例极限和安全系数以及非弹性效应等。

（1）弹性变形　弹性敏感元件在压力的作用下，其几何形状会发生改变，在弹性极限范围内，弹性元件的变形与作用的压力成正比（符合胡克定律）。当作用压力取消后，弹性元件能恢复到原来的形状和大小，这种现象称为弹性变形。弹性元件这种特性一般可以用曲线表示，根据曲线及其斜率可以分为线性特性和非线性特性。反映到弹性元件式压力仪表，在设计和应用上总是期望敏感元件输出量与作用压力之间呈线性关系，这样通过比较简单的传动放大机构，可以将微小的变形量转换成指示值，在等分刻度上显示出来，具有一定的便利性。

（2）刚度　使弹性敏感元件产生单位位移所需要的载荷量称为弹性敏感元件的刚度，表示为敏感元件受外力作用下变形大小的量度，一般记为K_p。对于线性弹性特性，刚度表达式为

$$K_p = \frac{p}{W} \tag{5-1}$$

式中　p——作用力（N或Pa）；

W——产生的单位位移量（m）。

对于非线性弹性特性，刚度表达式为

$$K_p = \frac{\mathrm{d}p}{\mathrm{d}W} \tag{5-2}$$

（3）灵敏度　弹性敏感元件受单位载荷量（力、压力等）自由端所产生的位移量称为弹性元件的灵敏度。弹性敏感元件的度标很大程度上取决于其灵敏度，在设计和制造上根据灵敏度的大小，确定使用不同传动比的传动机构。弹性元件的灵敏度记为S，表达式为

$$S=\frac{\mathrm{d}W}{\mathrm{d}p} \tag{5-3}$$

由此也可以看出，弹性敏感元件的刚度为特性曲线斜率（灵敏度）的倒数。实际上，刚度和灵敏度是衡量同一特性的两种不同表达形式。

（4）比例极限和安全系数　对弹性元件施加荷载（应力）后，弹性体发生形状的改变（应变），正应力与正应变之间的比值即为比例系数（弹性模量），但弹性元件的荷载与位移量之间的线性关系只能在一定范围内有效，将弹性元件的相对形变量随荷载成正比例增加时的最大荷载值，称为比例极限。超过了比例极限，弹性元件会产生永久变形。因此，在实际的使用过程中，对于弹性元件应选取适当的安全系数（也称强度系数），一般记为 k。安全系数定义为弹性元件材料的比例极限 σ 与最大工作压力 $p_{\max}$ 之比，即

$$k=\frac{\sigma}{p_{\max}} \tag{5-4}$$

（5）非弹性效应　包括弹性后效、弹性滞后、残余变形和温度的影响效应等。

1）弹性后效。当加在弹性敏感元件上的荷载量停止或完全卸载后，弹性元件不是立即完成相应的变形，而是在过一段时间内仍在继续发生变形，或者达到应有的位置的现象称为弹性后效，如图 5-1a 所示。对于不同的弹性元件，弹性后效现象即恢复时间各不相同，有的仅仅几秒钟或几分钟，但有的弹性元件则长达数十个小时。

2）弹性滞后。当加在弹性敏感元件上的荷载量在其弹性极限范围内进行缓慢变化时，加载特性曲线与卸载特性曲线不重合的现象，称为弹性迟滞，如图 5-1b 所示。弹性滞后反映的是弹性元件压力仪表在相同的工作条件下，在全部测量范围内，同一测量点正反行程输出值的不重合程度。

一般情况下，弹性后效和弹性滞后都是同时存在的，可统称为弹性迟滞，这是衡量弹性元件式压力仪表准确度等级的一个重要特性。

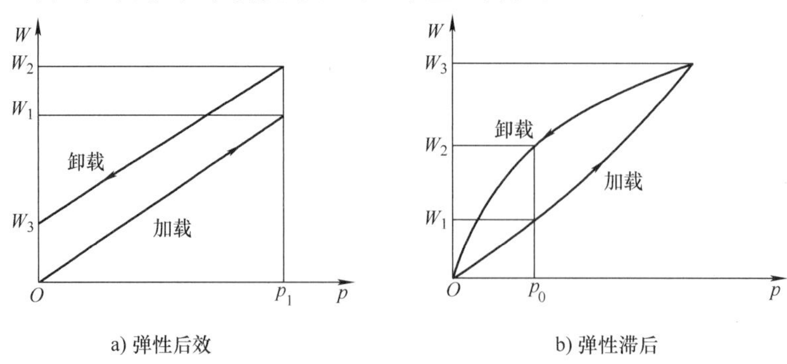

图 5-1　弹性后效和弹性滞后曲线

3）残余变形。当加在弹性敏感元件上的荷载量完全卸载后，弹性元件不仅不能恢复到原来的形状和大小，而且与原来的形状和大小也有差异，这说明弹性元件产生了残余变形（永久性变形）。

如果施加的负荷外力超过了弹性元件的弹性极限，元件本身就可能存在损伤，不能再恢复到原始位置。实际上，残余变形的发生就是施加在弹性材料上的荷载超过了比例极限时产生的。当使用的压力越接近比例极限，弹性迟滞的现象越严重，为避免过早发生残余变形，加大安全系数 k 是最有效的办法。通常，一般压力表的 k 取 2，精密压力表的 k 取 4。

4）温度的影响效应。温度的变化会影响弹性元件材料的弹性模量，通常采用弹性模量的温度系数 β_t 来表示弹性模量随温度变化的情况。

$$E_t = E_0(1 - \beta_t \Delta t) \tag{5-5}$$

式中　β_t——弹性模量的温度系数（$℃^{-1}$）；

E_t——温度 t 时弹性材料的弹性模量（Pa）；

E_0——温度 t_0 时弹性材料的弹性模量（Pa）；

Δt——温度从 t_0 到 t 时的变化量（℃）。

弹性模量随温度的升高而降低，在相同的荷载量下，弹性元件输出量将发生变化，由此引起的误差为温度误差 η，即

$$\eta = \beta_t \Delta t \tag{5-6}$$

弹性材料的弹性模量温度系数越大，则引起的温度误差也越大。常见材料如不锈钢的弹性模量温度系数 β_t 为 $3.5\times10^{-4}℃^{-1}$，黄铜的 β_t 为 $4.8\times10^{-4}℃^{-1}$。

4. 传动机构和指示装置

（1）传动机构　传动机构一般也称为机芯，它包括扇形齿轮、中心齿轮、游丝和夹板、支柱等零件。弹性元件的变形量一般都十分微小，若要把这微小的位移量转变成指针的角位移，就需要通过传动机构的作用才能实现。因而传动机构的作用就是将弹簧管的微小弹性形变加以放大，并把弹簧管自由端的位移传动转换成仪表指针的圆弧形旋转位移。

当压力进入弹簧管腔体内，弹簧管的弯曲角度发生变化，自由端的位移带动连杆一起动作。连杆另一侧与扇形齿轮相连，由于连杆为不可拉伸的刚性材料，扇形齿轮和中心齿轮所组成的传动机构通过连杆把自由端的位移转变成中心齿轮的转动。

游丝是平面螺旋状的盘形弹簧，它的作用是提供一定反作用力的力矩。当中心

齿轮转动时可以带动游丝一起扭转，使得游丝具有一定的工作扭矩，游丝可以消除中心齿轮与扇形齿轮啮合的配合间隙。当除去作用压力时，弹簧管的恢复作用和游丝扭矩一起使得指针回复到零位。

（2）指示装置　指示装置包括指针和刻度盘等。它的作用是将弹性元件的弹性形变通过指针指示出来，从而从表盘上可以直接读取压力值。

指针的外形通常是矛形或楔形，指针长度一般根据仪表的表盘尺寸、准确度等级等而定。在弹性元件式压力仪表的使用过程中，有时会产生指针跳动或卡滞的现象，可能是由于指针与表面玻璃或刻度相碰有摩擦、中心齿轮轴弯曲、中心齿轮与扇形齿轮啮合有杂物、连杆与扇齿轮间的活动螺钉不灵活等原因造成的。因此在检定的过程中，会采取轻敲表壳的措施，通过轻敲位移指针变动量的指标来对这方面仪表性能予以考察。

通常情况下，表盘是固定的，指针的转动相应地由表盘上的刻度指示出压力值的大小。这种刻度一般都是等分刻度，相邻两个刻度线之间的距离代表的压力值即为标尺间隔，习惯上称为分度值，以标在表盘上的压力单位来表示量值。分度值往往影响仪表的示值误差，也是划分弹性元件压力仪表准确度等级的重要依据之一。

常见的一般压力表表盘都带有零值限止钉，即止销。按等分刻度，从零线开始加上仪表的允许误差绝对值后，划定的那条线作为零值分度线，即为代表了零值分度线的“缩格”。当无压力作用时，带止销的弹性元件式压力仪表的指针应紧靠止销，“缩格”不应超过仪表最大允许误差的绝对值；不带止销的弹性元件式压力仪表指针应处于划定的零位标志内。

5. 表盘直径与螺纹规格

（1）常见表盘直径　表盘的常见直径尺寸一般有40mm、50mm、60mm、80mm、100mm、150mm、160mm、250mm等，甚至还有比300mm更大的特殊规格存在。

使用在比较特殊的场合，应根据自己的需要选择相应的表盘直径。在管道和设备上安装的压力表，一般表盘直径为100mm、150mm或160mm；在仪表气动管路及其辅助设备上安装的压力表，一般表盘直径为60mm；安装在照明度较低、位置较高或示值不易观测场合的压力表，一般表盘直径为150mm、160mm。

如表5-1所列，一般情况下，弹性元件式压力仪表表盘直径与准确度等级存在一定的对应关系，表盘直径越大，能达到的准确度等级也就越高。较大的表盘直径能够有效降低读数误差等系统性误差。

表 5-1 表盘直径与准确度等级的关系

表盘直径/mm	准确度等级						
	0.1	0.25	0.4	1.0	1.6	2.5	4.0
40、50					√	√	√
60				√	√	√	√
80				√	√	√	√
100			√	√	√	√	
150、160		√	√	√	√		
250	√	√	√	√	√		

（2）螺纹规格　由于螺纹装配容易、拆卸方便，因而广泛应用于机械制造行业。1841 年，英国人约瑟夫·惠特沃斯（Joseph Whitworth）提出了世界上第一份螺纹国家标准，从此奠定了螺纹标准的技术体系；1905 年，英国人威廉·泰勒（William Taylor）发明了螺纹量规设计原理（泰勒原理）。从此，英国成为世界上第一个全面掌握螺纹加工和检测技术的国家，寸制螺纹标准是世界上现行螺纹标准的“祖先”，寸制螺纹标准最早得到了世界范围的认可和推广。

世界上最有影响的紧固螺纹有三种，即英国的惠氏螺纹、美国的赛氏螺纹和法国的米制螺纹。最有影响的管螺纹有两种，即英国的惠氏管螺纹和美国的布氏管螺纹。这五种影响最广的螺纹奠定了螺纹标准化的技术体系，绝大多数螺纹均采用或借鉴了它们的标准结构。除此之外，美制梯形螺纹和锯齿形螺纹也同样应用广泛。螺纹形状示意图如图 5-2 所示。

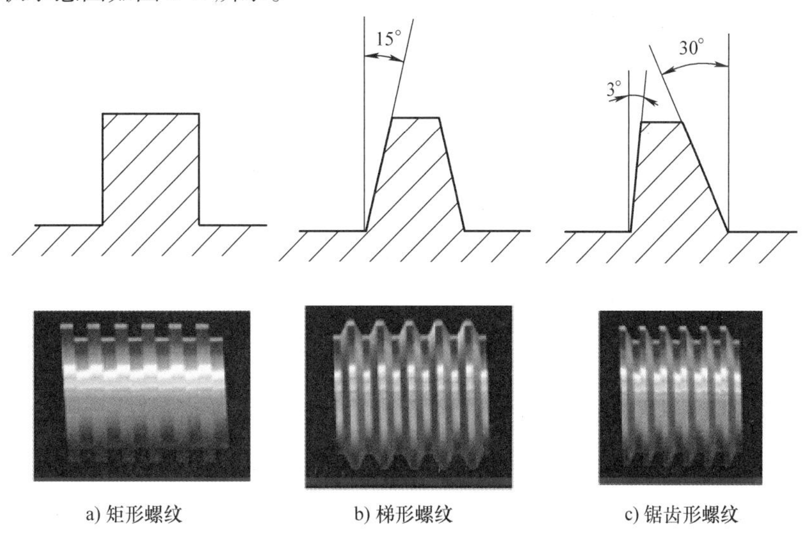

图 5-2　螺纹形状示意图

随着米制单位被确定为国际法定计量单位后，进一步提升了米制普通螺纹在国际贸易中的地位。现在，米制螺纹显示出逐步取代美制和寸制螺纹的势头，米制螺纹标准是未来的发展方向。因此，在实际生产和应用中，要根据寸制、美制、米制螺纹的特点，选择合适的转接头和采取相应的密封措施，来妥善处理三种螺纹的使用问题。

表 5-2 给出了压力表中几种常见的螺纹尺寸。

表 5-2　压力表中几种常见的螺纹尺寸

螺纹种类	螺纹代号	螺纹大径近似值/mm
米制螺纹	M10×1.5	10
	M14×1.5	14
	M20×1.5	20
寸制螺纹	G1/8	9.7
	G1/4	13
	G1/2	21
美制螺纹	5/16-24	8
	7/16-20	11

5.2　弹性元件式压力仪表的分类与计量特性

按照准确度等级分类，弹性元件式压力仪表分为一般压力表和精密压力表；按照敏感元件不同分类，弹性元件式压力仪表可以分为弹簧管式压力表、膜片式压力表及膜盒式压力表等。

5.2.1　一般压力表和精密压力表

一般压力表和精密压力表都以弹簧管为敏感元件，两者之间的主要区别在于准确度等级的高低。精密压力表由于准确度等级较高，对环境条件要求也相对较高，适宜作为测量标准来检定一般压力表。一般压力表由于成本较低，使用方便，应用场合相当广泛。

1. 仪表结构

如图 5-3 所示，标准的弹簧管式压力表又称波登管压力表，主要由波登管、拉杆、调节螺钉、传动机构（机芯）、指针、表盘、表壳、罩圈和带有螺纹的接头等组成。

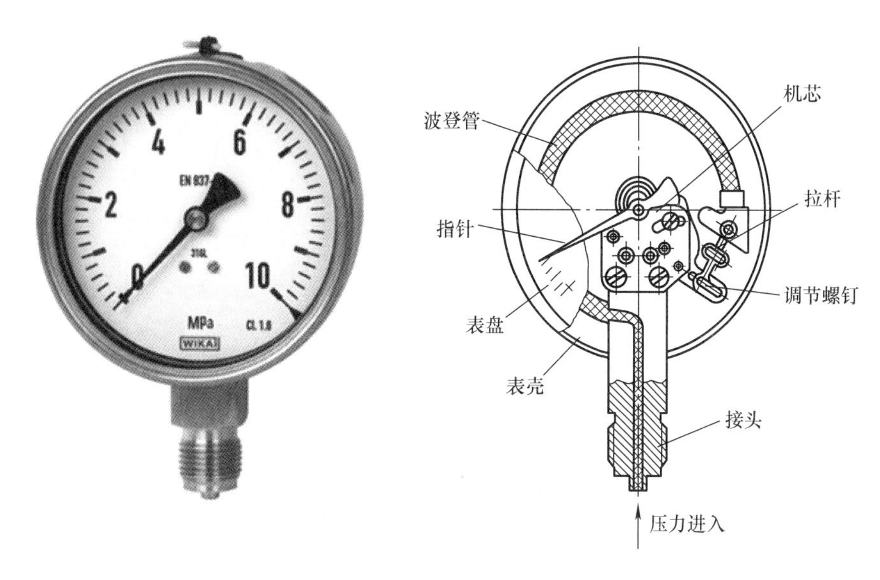

图 5-3　弹簧管式压力表

2. 工作原理

弹簧管式压力表的核心测量元件为弹簧管，又称波登管。压力表中的波登管的自由端是封闭的，测量介质从另一端进入，如图 5-4a 所示的软管。对一个卷起来的软管吹气，从内部施加压力，压力会迫使软管恢复成圆形截面，并伸直。波登管也采用了同样的原理。如图 5-4b 所示，所施加的压力 p 成比例地改变测量元件的形状。

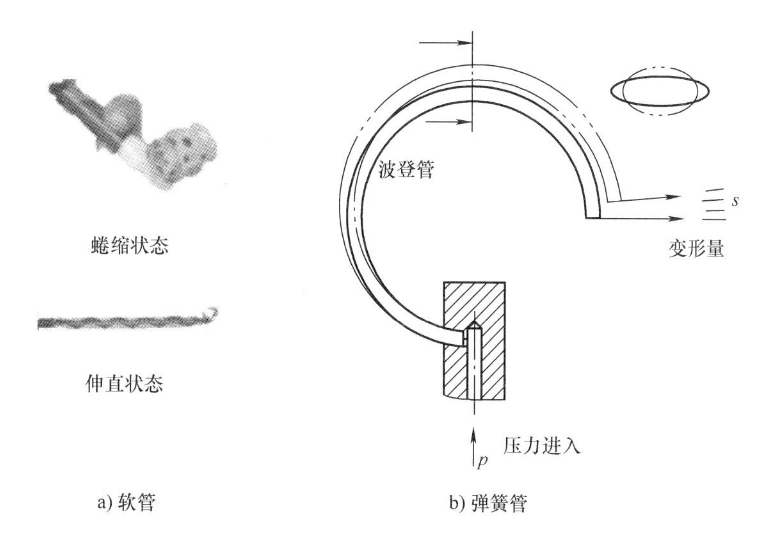

a) 软管　　b) 弹簧管

图 5-4　软管和弹簧管变形示意图

弹簧管自由端与拉杆连接，带动机芯转动。进行压力测量时，弹簧管在被测压力作用下产生形变，弹簧管的自由端发生位移；位移量 s 与被测压力 p 的大小成正比，使指针偏转，在表盘上指示出压力值。

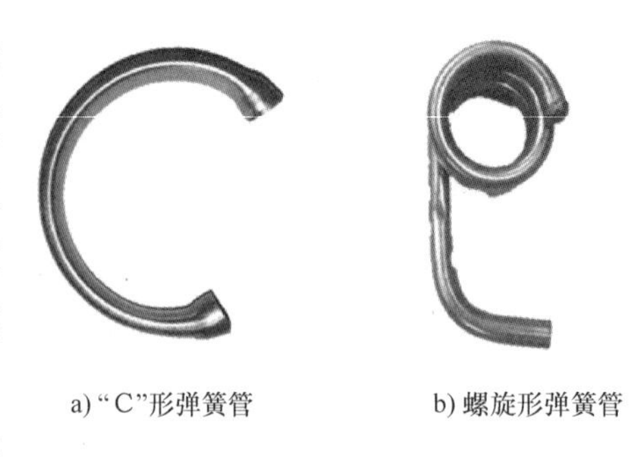

a)“C”形弹簧管　　b)螺旋形弹簧管

图 5-5　弹簧管外形

如图 5-5 所示，弹簧管分为“C”形弹簧管和螺旋形弹簧管。“C”形弹簧管通常用于测量 10MPa 以下的压力表，螺旋形弹簧管则用于测量 10MPa 以上的压力表。

3. 特殊结构弹簧管式压力表

按照用途分类，弹簧管式压力表可分为普通型压力表和特殊结构压力表。特殊结构压力表是在普通型压力表基础上，按照实际使用需要，调整结构和材料以适用于不同的使用场合。

下面简单介绍几种常见的特殊结构压力表。

（1）电接点压力表和电信号输出压力表　如图 5-6a 所示，电接点压力表广泛应用于石油、化工、冶金、电力、机械等工业部门或机电设备配套中测量含爆炸危险的各种流体介质压力。仪表经与相应的电气器件（如继电器及变频器等）配套使用，即可对被测（控）压力系统实现自动控制和发信（报警）的目的。类似电接点压力表的位式控制压力仪表还有压力（指示）控制器、压力继电器和压力信号器等。

电接点压力表由测量系统、指示系统、磁助或电感等装置、外壳、调整装置和接线盒（插头座）等组成。电接点压力表测量系统中的弹簧管在被测介质的压力作用下，其末端产生相应的弹性变形，借助拉杆经齿轮传动机构的传动并予放大，由固定齿轮上的指针（连同触头）将被测值在度盘上指示出来。与此同时，当其与设定指针上的触头（上限或下限）相接触，致使控制系统中的电路得以断开或接通，以达到自动控制和信号报警的目的。

如图 5-6b 所示，电信号输出压力表在指示过程压力的同时，也将信号传递至中央控制器或远程控制室。该种类型压力表结合了机械测量系统和精密的电信号处理，即使在断电的情况下，操作人员也可以安全读取测量值。另外，有些设计和制造公司已经给该表配备电接点。这意味着可以将三种功能组合在一台仪表中：现场指示、电子信号传输以及用于过程控制和调节的开关功能。它的电信号转换原理是一个磁体连接到机械测量仪表的延长指针轴的端部，如果机械仪表的指针转动，磁体也会跟着转动。磁体的运动导致磁场变化。霍尔传感器连接到印制电路板上，在磁场下其电阻也会根据磁场的变化而变化，从而将指针的旋转运动转换成无接触的输出信号。

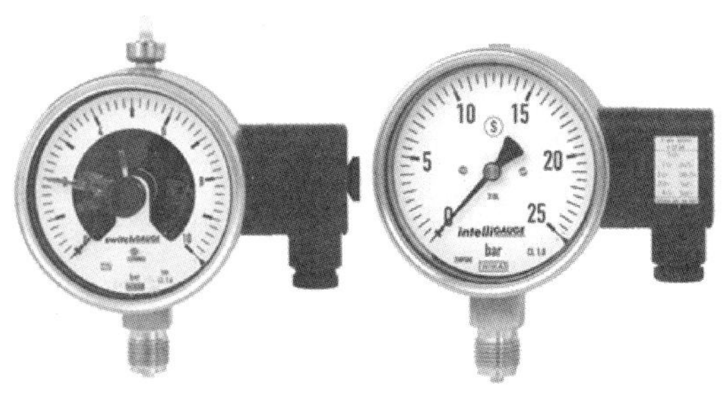

a) 电接点压力表　　　　b) 电信号输出压力表

图5-6　电接点压力表和电信号输出压力表图例

（2）氧气（或其他各种可燃性气体）压力表　这种类型的压力表主要用于氧气、氢气、乙炔、氨气等可燃性气体介质压力的测量。它与普通型压力表的区别主要是带有被测介质类型的颜色警示标记，即在分度盘上压力表的名称下面画一标示横线。不同气体介质的标示横线颜色见表5-3。除此之外，氧气压力表在分度盘上还应标有红色“禁油”字样。在可燃性压力表的检定过程中，应避免接触各种油液或含油液的混合液，以免引起安全事故。

表5-3　特殊被测介质标示横线的颜色

被测介质	标示横线的颜色
氧气	天蓝色
氢气	绿色
乙炔	白色
氨气	黄色
其他类型可燃（助燃）性气体	红色

（3）耐振压力表和耐高温压力表　耐振压力表采用密封结构，表腔内充满阻尼抗振液，使得仪表的指针和传动机构均浸没在抗振液内，适用于环境振动的场所或测量带脉冲、冲击载荷的压力。耐振压力表可以减少因环境的激烈振动引起的指针摆动，同时也可润滑传动部件，延长仪表的使用寿命。

耐高温压力表一般用于测量温度较高的介质压力。它采用隔离式的结构，在隔离管件中用密封液体将高温介质和弹性元件隔开，同时由于隔离管件较长，也能起到散热冷却的作用，保护弹性元件及传动机构不受高温侵蚀，延长使用寿命。一般耐高温压力表的隔离液采用硅油，可用于高于80℃的介质压力的测量。

（4）双针双管压力表和双针单管压力表　双针双管压力表常用于机车车辆上测量液压系统或储气缸的压力，表内组装有两套弹簧管、两个压力通道，在同一个表盘上分别用两根指针（一般用红、黑两种色漆涂饰）指示出不同的压力值。两管之间压力测量应该互不相通，两个指针指示时也互不影响。双针单管压力表是在一个压力表中有两个指针，有时根据需要也可设计成双面表盘，这样在仪表正反面都能同时观察压力指示。当测量脉动压力时，应选用合适的阻尼器或缓冲器。

（5）带校验指针压力表　这种类型的压力表在表盘和指针类型上与普通型压力表不同，即安装了校验指针，可用于测量设备的极限压力。用反磁性材料制成的校验指针可以在表盘中心专用衬套上自由回转，并有一个弹簧压在衬套上，以防止指针太松或受冲击时发生位移。压力表的指针轴既不与衬套连接，也不与校验指针连接，校验指针在刻度表盘上有与压力表刻度相同的独立刻度。当压力作用下工作指针发生偏转时，校验指针被工作指针上的专用销钉推动随工作指针同步转动，但当作用压力改变（降低）时，工作指针上的销钉与校检指针脱离，不再带动校验指针移动，因而校验指针停留在表盘上达到过的压力峰值。

（6）绝对压力表　绝对压力是指直接作用于容器或物体表面的压力，即物体承受的实际压力，其零点为绝对真空。包围在地球表面一层很厚的大气层对地球表面或表面物体所造成的压力称为大气压。

用普通压力表、压力真空表和真空表测出来的压力叫表压力（又叫相对压力）。表压力是绝对压力与大气压的压差值。当绝对压力大于大气压值时测得的表压值为正值，称为正表压；当绝对压力小于大气压值时测得的表压值为负值，称为负表压，即真空度。

目前市场上压力表类型多为测量相对压力，但还有测绝对压力的绝对压力表，可用于气象、医药、工程测试等诸多方面。绝对压力表和相对压力表的构造是基本一致的，主要区别为起始压力指示位置不同，在生产、检测环节中一般要求不能接触任何油脂类介质。

4. 计量特性和要求

一般压力表的准确度等级包括1.0级、1.6级（1.5级）、2.5级、4.0级四种；精密压力表的准确度等级包括0.1级、0.16级、0.25级、0.4级和0.6级（降级使用）几种。

（1）误差要求　表5-4和表5-5给出了一般压力表和精密压力表的最大允许误差。示值误差不应超过表中规定最大允许误差的要求，回程误差不应超过表中规定的最大允许误差的绝对值，轻敲表壳前与轻敲表壳后读数不应超过表中规定最大允许误差绝对值的1/2。对于带有止位销的一般压力表零位误差检定时，在通大气的情况下指针应紧靠止位销，“缩格”不超过规定的最大允许误差的绝对值；不带有止位销的一般压力表指针应零位标志内，零位标志的宽度不应超过规定的最大允许误差的2倍。

表 5-4　一般压力表准确度等级与最大允许误差

准确度等级	最大允许误差（%）			
	零位误差		测量上限的 90% ~100%	其余部分
	带止销	不带止销		
1.0	1.0	±1.0	±1.6	±1.0
1.6	1.6	±1.6	±2.5	±1.6
2.5	2.5	±2.5	±4.0	±2.5
4.0	4.0	±4.0	±4.0	±4.0

表 5-5　精密压力表准确度等级与最大允许误差

准确度等级	最大允许误差（%）
0.1	±0.1
0.16	±0.16
0.25	±0.25
0.4	±0.4
0.6	±0.6

（2）外观结构要求

1）外形结构牢固，无可见瑕疵。

2）如图 5-7 所示，压力表上应有产品名称、计量单位和数字、出厂编号、准确度等级、制造商名称或商标等信息。

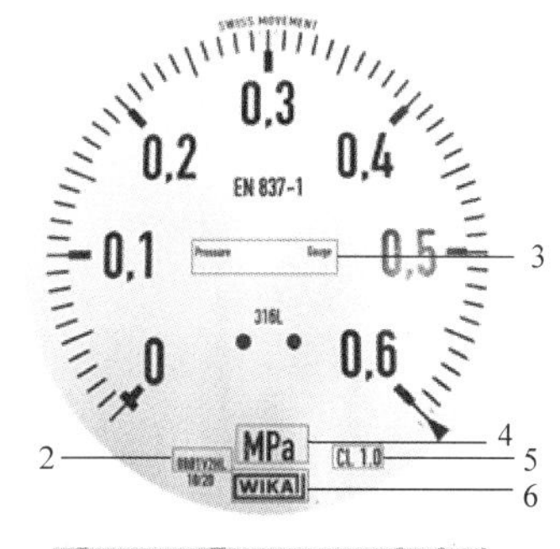

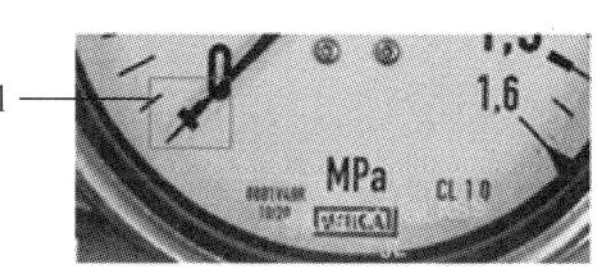

图 5-7　规范的表盘外观图例

1—零位标志　2—出厂编号

3—产品名称　4—计量单位

5—准确度等级　6—制造商信息

3）指示装置中，表玻璃应无色透明，无阻碍阅读的损伤；表盘平整光洁，数值和标志清晰可读；指针指示端应能覆盖最短分度线长度的 1/3 ~2/3（精密压力表为 1/4 ~3/4）；指针指示端的宽度不应超过分度线的宽度。

4）在测量范围内，指针偏转应平稳无跳动或卡针现象；双指针压力表在偏转时应互不干扰。

5）测量范围的上限应符合以下系列之一：1×10^n、1.6×10^n、2.5×10^n、4×10^n、6×10^n，单位为 kPa 或 MPa；其中 n 为负数、整数或零。

分度值应符合以下系列之一：1×10^n、2×10^n、5×10^n，单位为 kPa 或 MPa；其中 n 为负数、整数或零。

(3) 附加检定要求　特殊结构压力表的检定除满足以上误差和外观结构的要求以外，还应进行附加项目的检定。

对于电接点压力表，其设定点偏差和切换差应符合表5-6所列要求，绝缘电阻和绝缘强度应符合表5-7所列要求。

对于带检验指针的压力表，其两次升压示值差应不大于示值最大允许误差绝对值。

对于双针双管压力表或双针单管压力表，其两指针示值之差应不大于示值最大允许误差绝对值；双针双管两管应进行互不连通性检查。

对于氧气压力表，在示值检定前后都应进行禁油（即无油脂）检查。

表5-6　电接点压力表设定点偏差与切换差要求

项目	作用方式	
	直接作用式	磁助直接作用式
设定点偏差	不超过示值最大允许误差	-4%FS～-0.5%FS或0.5%FS～4%FS
切换差	不大于示值最大允许误差绝对值	3.5%FS

表5-7　电接点压力表电气安全性能要求

项目	要求
绝缘电阻	绝缘电阻值不小于20MΩ
绝缘强度	交流电（1.5kV，50Hz）历时1min冲击试验后，不得有击穿和飞弧现象

5.2.2　轮胎气压表

轮胎气压表（简称胎压表）是专门用于测量轮胎内部压力的计量器具，它保障着汽车在行驶过程中轮胎压力的正常。胎压过低或过高都易产生行车的不安全。在欧美许多国家，仅有的几个法制计量管理的计量器具中轮胎气压表被列其中，而我国自《计量法》颁布实施以来，一直都把轮胎气压表列入强制检定的目录，可见轮胎气压表的作用是十分重要的。

目前，我国市场上除了指示类轮胎压力表还有数字式轮胎压力表，应用也相当广泛。

1. 仪表结构

轮胎气压表按结构原理分为指针式胎压表和标尺式胎压表。指针式胎压表和标尺式胎压表均有一个与轮胎气门嘴相连接的气嘴头。典型的指针式轮胎压力表外形和结构如图5-8所示。指针式胎压表的仪表主体为弹簧管式或弹性膜盒式压力表，仪表结构一般都由进气嘴（进压口）、回零机构、压力表本体及其保护套等组成。

如图 5-9 所示，标尺式胎压表主体仪表外形有表式和尺式两种。带有标尺的柱状活塞在压力作用下产生移动，并保持稳定在某一个位置，通过标尺移动的距离和标尺上的刻度指示出压力值。标尺式胎压表一般由进气嘴、外壳、橡胶活塞、弹簧和标尺组成。

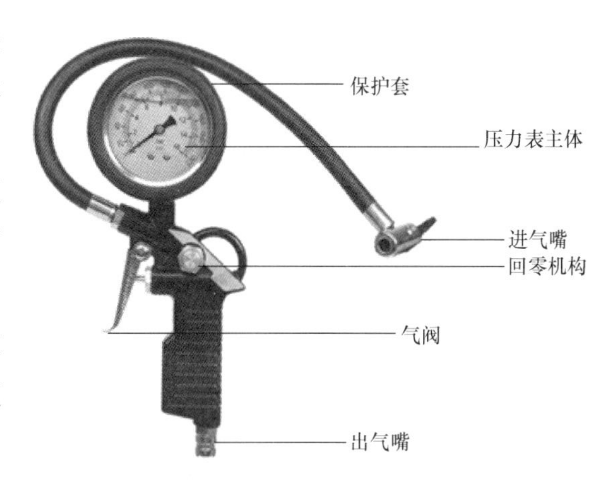

图 5-8　指针式轮胎压力表的外形和结构

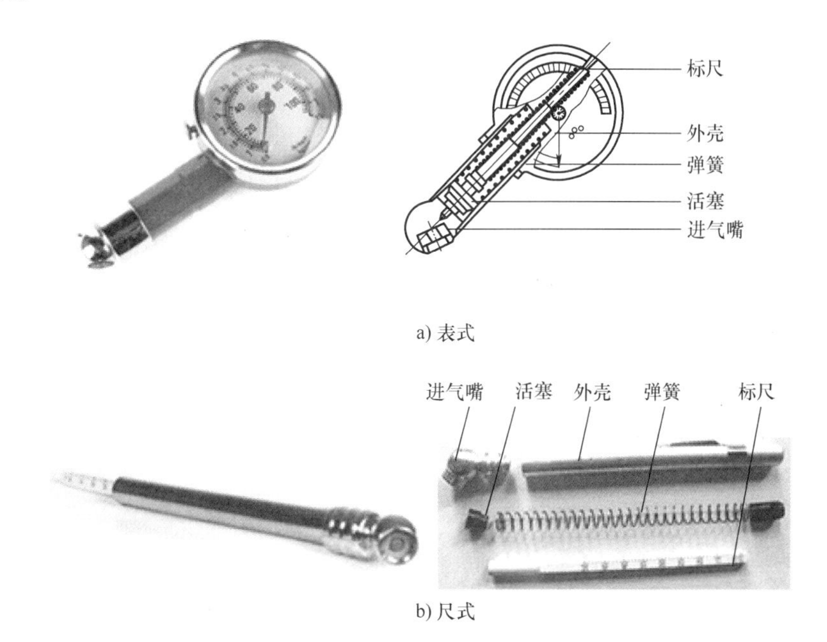

图 5-9　标尺式胎压表的外形和结构

2. 工作原理

（1）指针式胎压表　当轮胎气压通过进气嘴进入仪表内部，在被测的轮胎压力作用下，弹性元件（测量系统的波登管、弹性膜盒）产生了相应的弹性形变（位移），借助于连杆通过齿轮传动机构传动并予放大，由固定在齿轮轴上的指针发生偏转，逐渐将被测压力在分度盘上指示出来，通过压力表内部的回零装置，并能将指针保持在该压力示值位置上。在此过程中，也可根据指示压力进行加气、放气操作。

(2) 标尺式胎压表　仪表左侧的球状物呈凹陷状，球体的开口与轮胎的气门杆接合，通过固定针压下气门杆中的气门芯，使空气进入轮胎气压表中。空气沿固定针周围流入，通过球体内的凹陷状部分，然后进入活塞室。管体内部非常光滑，活塞由柔软的橡胶制成，活塞位于管体的一端，堵头位于另一端。活塞和堵头之间用一根压缩弹簧连接，用于将活塞推向管体另一侧。如图5-10所示，轮胎中的加压空气冲入胎压表便将活塞向右推，此时可由活塞的行程在标尺上直接读出对应轮胎中的压力值。将轮胎气压表从气门杆处松开时，加压空气便停止流入，弹簧会立即将活塞推回左侧。

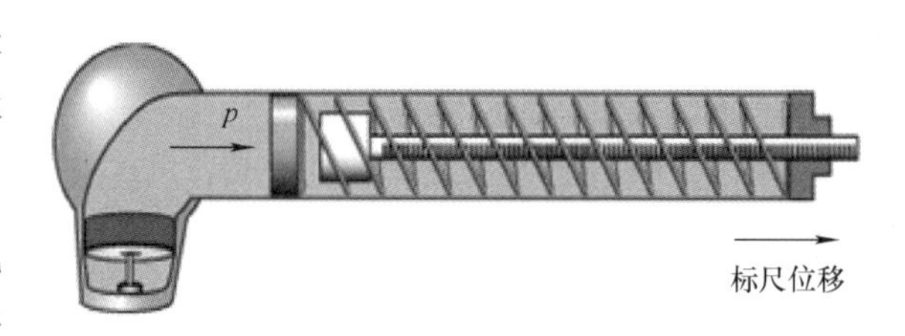

图5-10　标尺式胎压表的工作原理

3. 计量性能要求

1）准确度等级分为1.0级、1.6级、2.5级、4.0级四种。

2）轮胎压力表测量上限和最大允许误差要求分别见表5-8和表5-9。

表5-8　轮胎压力表测量上限要求

类型	准确度等级	测量上限/MPa
指针式	1.0、1.6	0.6
	1.6、2.5、4.0	1.0
	1.6、2.5、4.0	1.6
	1.6、2.5、4.0	2.5
标尺式	4.0	2.5

表5-9　轮胎压力表最大允许误差要求

准确度等级	最大允许误差（%）	
	测量上限的90%～100%	其余部分
1.0	±1.6	±1.0
1.6	±2.5	±1.6
2.5	±4.0	±2.5
4.0	±4.0	±4.0

3）分度值。轮胎压力表的分度值应符合下列系列之一：1×10^n、2×10^n、5×10^n，单位为kPa或MPa；其中n为负数、整数或零。分度值应小于压力表最大允

许误差的绝对值。

4）示值变动量。在同一检测点，两次升压检定的示值变动量应不大于压力表最大允许误差的绝对值。

5）指针偏转平稳性。在测量范围内，指针偏转应平稳无跳动或卡针现象。

6）外观要求。外形结构牢固，无可见瑕疵；表上应有产品名称、计量单位和数字、出厂编号、准确度等级、制造商名称或商标等信息；指示装置中，表玻璃应无色透明，无阻碍阅读的损伤；表盘平整光洁，数值和标志清晰可读；指针指示端应能覆盖最短分度线长度的1/3～2/3；指针指示端的宽度不应超过分度线间隔距离的1/5。

5.2.3　膜片压力表和膜盒压力表

1. 膜片压力表

膜片压力表包括普通膜片压力表（简称膜片压力表）和隔膜密封压力表。膜片压力表按照安装方式分为螺纹接头安装式压力表和法兰安装式压力表，按与被测介质接触部分的材料分为普通型仪表和耐蚀型仪表，按外壳公称直径分为ϕ100mm和ϕ150mm/ϕ160mm仪表。

（1）普通膜片压力表　如图5-11所示，普通膜片压力表一般由膜片、密封环、螺母、螺栓、上下腔体、推杆、传动机构（机芯）、指针、表盘、表壳、罩圈和带有螺纹的接头等组成。

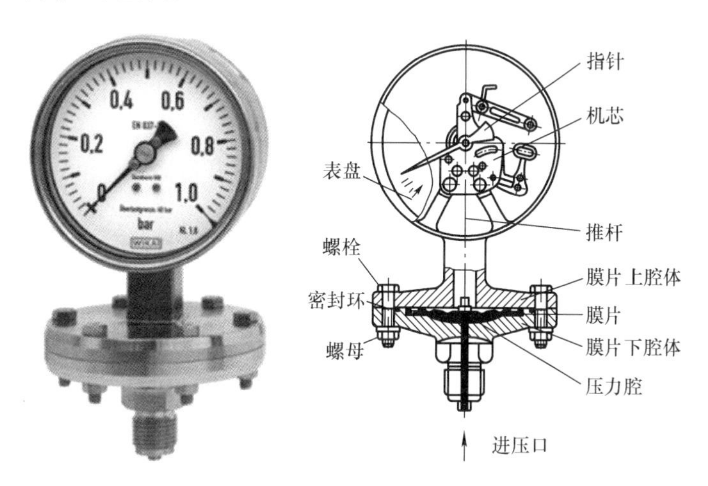

图5-11　普通膜片压力表

如图5-12所示，膜片是核心测压元件，它是圆形的波纹薄膜。膜片四周被夹紧或者焊接固定，置于两层法兰中间。膜片的下表面与压力介质直接接触。介质的压力使膜片产生弹性变形并转化为位移，用于压力测量。膜片的位移通过推杆转移到机芯上。机芯可以放大膜片的微小位移，并将其转化为指针的转动，指示压力数值。

普通膜片压力表适用于低压测量。膜片有着较大的受力面积，所以极小的压力足以产生足够的力来推动指针运转。弹簧管压力表最低测量压力范围为 0kPa ~ 60kPa，而膜片压力表最低测量范围为 0kPa ~ 1.6kPa。

图 5-12　膜片外形

（2）隔膜密封压力表　如图 5-13 所示，密封件的过程端被一个柔性隔膜将被测介质和测量系统隔离。柔性隔膜与压力测量系统之间的内部空间，则完全被系统填充液充满。被测压力作用于弹性隔膜，导致隔膜产生位移形变，通过隔膜的位移形变将压力传递给内部的填充液体，再通过内部填充液将压力传递给测量元件（如压力表、压力变送器、压力开关等），最终完成压力的测量。

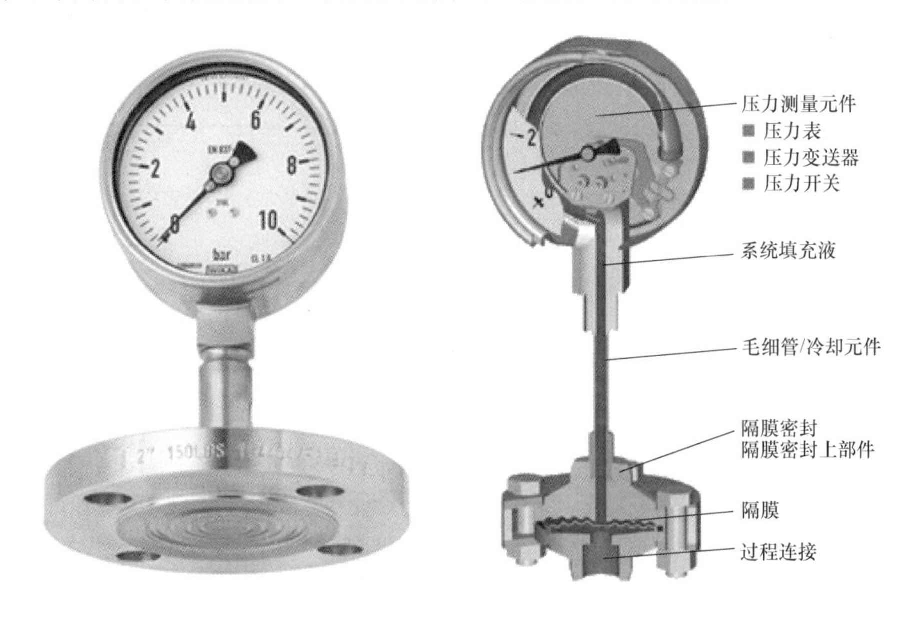

图 5-13　隔膜密封压力表

如图 5-14 所示，由于隔膜密封压力表的压力传递介质是内部填充液，填充液会因温度变化而改变体积，体积改变会导致测量结果的偏差。因此，隔膜密封产品需要考虑所测的介质温度和所处的环境温度对整个系统的影响。

2. 膜盒压力表

如图 5-15 所示，膜盒压力表一般由膜盒元件、压力腔体、推杆、传动机构（机芯）、指针、表盘、表壳和带有螺纹的接头等组成。

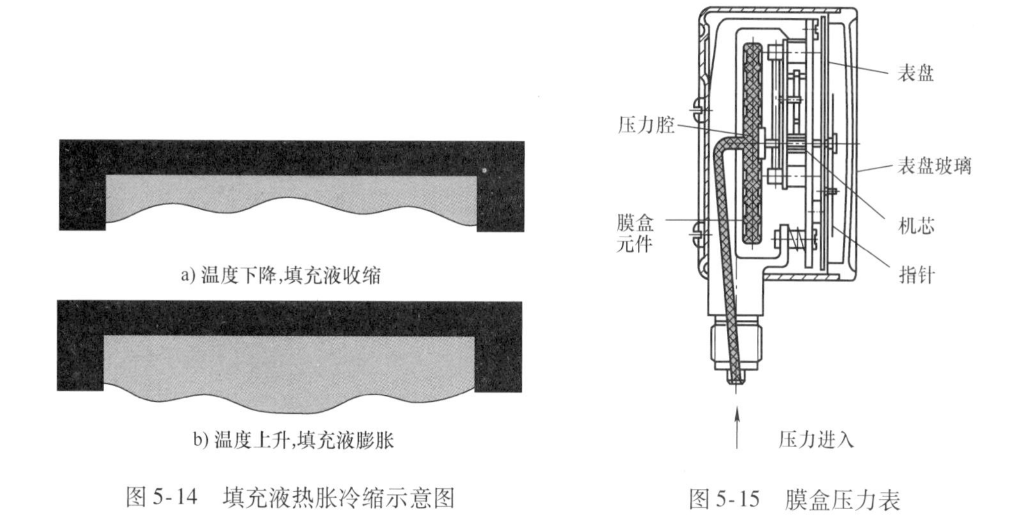

图 5-14　填充液热胀冷缩示意图　　图 5-15　膜盒压力表

膜盒压力表的感压元件为膜盒元件。如图 5-16 所示，膜盒元件主要由两层圆形的波纹薄膜组成，薄膜的圆周边缘完全固定密封形成压力腔。如图 5-17 所示，不同压力作用于压力腔，使膜盒元件发生位移（挠度），并转移到机芯上，机芯将这种位移转化为指针的偏转。

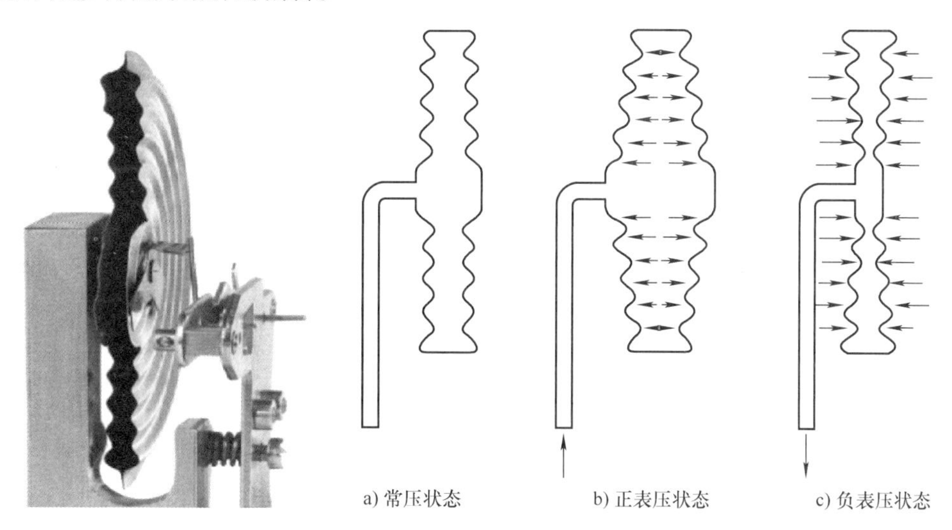

图 5-16　膜盒元件外形　　图 5-17　膜盒元件在不同压力下的状态

膜盒元件一层的中心位置固定在壳体上，所以两层膜片都可以自由移动。这种设计双倍加大了膜片的位移量，因此在没有削减薄膜厚度的前提下膜盒压力表能测量微压，甚至在极小范围内的压力（如0kPa ~ 0.25kPa）也可以被测量。如图5-18所示，通过几个膜盒的串联，可以将膜片的位移量成倍地放大。

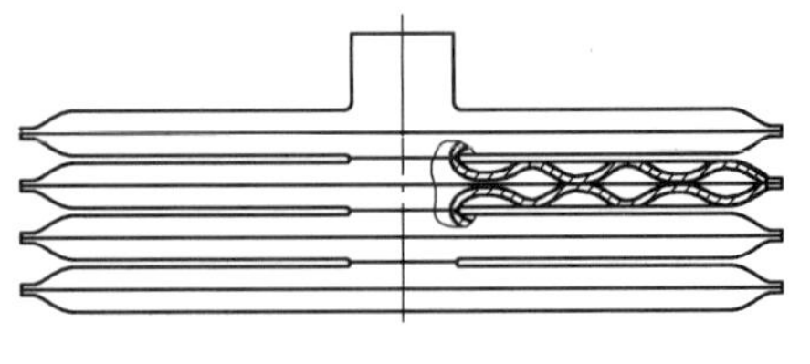

图5-18 膜盒串联示意图

3. 计量特性和要求

根据JJG 52—2013《弹性元件式一般压力表、压力真空表和真空表检定规程》的要求，与弹簧管式一般压力表的要求一致。

5.3 弹性元件式压力仪表的计量方法

1. 弹性元件式压力仪表计量的影响因素

（1）温度的影响　弹性元件式压力仪表的敏感元件在温度变化时会影响材料的弹性模量，因此检定弹性元件式压力仪表必须在检定规程要求的环境条件下进行。如GB/T 1226—2017《一般压力表》中规定，当环境温度偏离20℃ ±5℃时，一般压力表的示值误差（包括零位）不应超过式（5-7）规定的范围：

$$\Delta = \pm(\delta + K\Delta t) \tag{5-7}$$

式中　Δ——环境温度偏离20℃ ±5℃时的示值误差允许值；

δ——压力表规定的基本误差限绝对值；

K——温度影响系数，$K=0.04\%/℃$；

Δt——温度差（℃），$\Delta t = |t_2 - t_1|$；

t_2——环境温度（−40 ~ 70℃）范围内的任意值（℃）；

t_1——温度取值（℃），t_2 高于25℃时 $t_1 = 25℃$，t_2 低于15℃时 $t_1 = 15℃$。

由式（5-7）可以看出，温度对压力表的示值有较大的影响，如果不按照要求先将压力表恒温放置2h，使其与环境充分热交换达到热平衡，那么很可能会影响压力表示值，进而影响检定结果的准确性。

（2）液位高度差修正　当标准器与压力表不在同一个水平面时，液位高度差产生的压力差不小于压力表最大允许误差绝对值的1/5，应考虑对压力表示值进行修正；否则，可以不考虑修正。如果使用压力控制器作为标准器，可以在压力控制器内进行设置高度差，压力控制器会对测量结果自动修正。

（3）压力表指针偏转角度　压力表指针在从零位到满量程应为270°。

（4）观察视角　由于弹性元件压力仪表在检定过程中，测量结果来源于指针的指示位置，因此在读取示值的时候以分度值的1/5（一般压力表）或1/10（精密压力表）进行估读，观察视角不同读数结果也不同。因此在读数时，视线应尽量与被检表处于同一直线且垂直于表盘。

2. 弹性元件式压力仪表的检定

（1）检测前的准备　检定前应按照以下方式准备：

1）选择适宜的工作介质。根据检定规程要求，一般选择工作介质的原则如下：轮胎压力表和检定压力小于或等于0.25MPa的压力表，使用工作介质为清洁干燥的氮气或者压缩空气（可以遵循ISO 8573－1：2010 class 5.5.4的标准或更高）或其他无毒无害和化学性能稳定的气体；检定压力在0.25MPa～400MPa的压力表，使用工作介质为无腐蚀性的液体或根据标准器所要求使用的工作介质，如去离子水或癸二酸酯等；检定压力大于400MPa的压力表，工作介质为药用甘油和乙二醇混合液或根据标准器所要求使用的工作介质。

2）选择合适的计量标准器。标准器应满足最大允许误差绝对值不大于被检压力表最大允许误差绝对值的1/4，且测量范围应能覆盖被检压力表的测量范围。

3）在检定规程要求的环境条件下静置2h方可开始检定。

4）连接与安装。按图5-19所示，将被检压力表、标准器、压力发生装置等仪器和辅助装置连接到一起，组成检测装置。确认连接完毕后，通过压力发生装置对整个检测装置进行预压，确保各连接部分无压力泄漏。

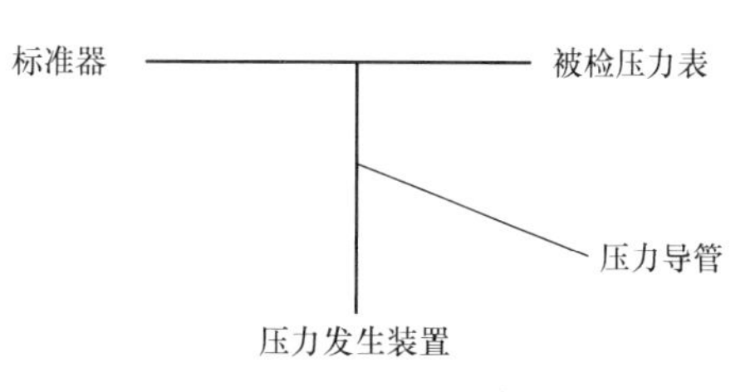

图5-19　压力表检定连接与安装示意图

（2）检定项目和方法

1）外观检查。采用目力观察，检查被检压力表的外观，应标志清晰，装配牢固，无明显损伤；检查被检压力表的指示装置，分度盘应清晰可辨；确认被检压力表测量范围、准确度等级和分度值是否满足检定规程要求；确认被检压力表的螺纹接口有无损伤等。轮胎压力表的回零机构检查时，按下回零机构（或标尺），不得有失灵、卡滞等现象。

2）零位误差检定。压力表内腔与大气相通状态下，按工作位置放置，读取零位位置。零位误差的检定应在示值检定前后各做一次。

3）示值误差、回程误差和轻敲位移的检定。一般压力表示值误差检定点按标有数字的分度线选取，精密压力表在量程范围内不少于8个点（不含零点）。从零点开始均匀缓慢地加压（或疏空）至各个检定点，待压力稳定后读取被检表示值，接着轻敲一下仪表外壳，再次读取被检示值。轻敲前后被检表与标准器示值之差即为示值误差，轻敲外壳前和轻敲外壳后指针位移变化所引起的示值变动量即为轻敲位移，同一检定点上正反行程轻敲表壳后被检表示值之差即为回程误差。

从第一个检定点直至检定上限（真空表为测量下限）点后，进行耐压 3min，反向降压（真空表为升压）直至零点，记为一个循环。0.1 级弹性元件式压力仪表需进行 3 个循环检定，0.16 级、0.25 级弹性元件式压力仪表需进行 2 个循环检定，0.4 级及以下弹性元件式压力仪表进行 1 个循环检定。

轮胎压力表的示值误差为两次升压检定，示值变动量为同一检定点两次示值之差。

4）指针偏转平稳性检查。在示值误差检定过程内，指针偏转应平稳，无跳动和卡针现象。

（3）几种特殊用途压力表的附加检定

1）电接点压力表的附加检定，包括设定点偏差、切换差的控制性能检定和绝缘电阻、绝缘强度的安全性能检定。

二位调节的电接点压力表，设定点偏差在量程的 25%、50%、75% 三点附近的分度线上进行。三位调节的电接点压力表，带上限设定电接点压力表的设定点偏差检定应在压力表量程的 50% 和 75% 两点附近的分度线上进行，带下限设定电接点压力表的设定点偏差检定应在压力表量程的 25% 和 50% 两点附近的分度线上进行，带上下限设定电接点压力表的设定点偏差检定应分别按上下限设定点偏差设定点进行。

检定时，用拨针器或专用工具将设定指针拨到所需检定的设定点，均匀缓慢地升压或降压。当指示指针接近设定值时，升压或降压的速度应缓慢均匀。当电接点发生动作并有输出信号时，停止加减压力并在标准器上读取压力值，此值为上切换值或下切换值。上切换值与设定点压力值的差值为升压设定点偏差，下切换值与设定点压力值的差值为降压设定点偏差。切换差检定是与设定点偏差检定同时进行的，同一设定点的上下切换值之差为切换差。

电接点压力表的绝缘电阻检定是将绝缘电阻表的两根导线分别接在电接点压力表接线端子与外壳上，在规定的环境条件下进行试验。测量时，应稳定 10s 后再读数。电接点压力表的绝缘强度检定是将电接点与外壳分别接于耐电压测试仪上，然后平稳地升高试验电压直到 1.5kV，保持 1min，观察电接点压力表及耐电压测试仪的情况。

2）氧气压力表的禁油要求检查。为了保证使用安全，在示值检定前后应对氧气压力表进行无油脂检查。检查方法是：将纯净的温开水注入弹簧管内，经过摇晃，将水甩入盛有清水的器具内，如果水面上没有彩色的油影，则认为没有油脂；否则需要用四氯化碳等清洗剂对弹簧管进行清洗，然后重复上述检查过程，直至确认无油脂。

3）带校验指针压力表两次升压示值之差的检定。先将检验指针与示值指针同时进行示值检定，并记录读数，然后使示值指针回到零位，对示值指针再进行示值检定。各检定点两次升压示值之差均应不大于允许误差的绝对值。示值检定中，轻敲表壳时检验指针不得移动。

4）双针双管压力表的附加检定，包括两管不连通性的检查和两指针示值之差的检定。双针双管压力表两管不连通性的检查是将其中一只接头装在校验器上，加压至测量上限，该指针应指到测量上限；另一指针应在零位，此时另一只接头上不应有工作介质渗出，即两管不连通。双针双管压力表两指针示值之差的检定是在压力表示值误差检定时进行的，两指针同一检定点的示值之差不应大于被检表最大允许误差的绝对值。

3. 弹性式压力仪表的选型、安装、使用和维护

（1）仪表选型　一般压力表选型时量程应为设备工作压力的 1.5 倍 ~3 倍，工作压力不高于刻度极限的 60%，如选型压力表长期处于最大变形状态，易造成内部波登管等核心弹性元件不可逆的永久性变形损伤，引起误差增大或使用寿命降低；根据使用环境、介质不同选用抗振动、耐高温等类型的压力表，并在刻度盘上以红线标示工作压力上限；在大气腐蚀性较强、粉尘较多和易喷淋液体等环境恶劣的场合，应根据环境条件，选择合适外壳材料及防护等级的压力表。

（2）仪表安装　为了便于操作人员能够看清仪表示值以及检查检修，压力表不应安装在过高位置或表盘直径过小，除了给操作人员示值估读判读带来困难以外，还可能造成操作人员读数时不小心接触到高温管道，存在一定的安全隐患。安装时，注意选择匹配的转接头和采取合适的密封措施。一般被测介质低于 80℃ 及 2MPa 时，可选用橡胶垫圈和垫片；温度及压力更高时，可选用退火纯铜或铝垫片。频繁拆卸的压力表管道上应及时检查垫圈，防止橡胶密封圈老化引起压力测量失准。

（3）使用和维护

1）对于内部压力补偿问题，部分压力表，特别是低压压力表，都带有压力平衡阀，检定完成后或运输过程中都需要保持关闭状态。在安装后测试前，打开仪表应处于通气状态（如图 5-20 中“OPEN”位置），促使仪表内外大气压平衡，保证仪表的精确度。

2）如图 5-21 所示，有些产品在零位有偏差（在减压状态下），可以通过转动

图 5-20　压力表平衡阀图例

仪器前面的调节螺母来进行零点设置。

3）当连通待测管道与压力表时，要慢且轻地开启隔离设备（如管道阀门）。不要突然打开，因为这样可能产生瞬时压力冲量过大而损坏仪表。

图 5-21　带调零旋钮的压力表图例

4）考虑到环境中存在的一些灰尘、杂质等会污染仪表的表面，以及测量介质当中存在黏稠物等污染物，可以定期用掺有清洁剂的湿抹布清洁仪表表面和接触介质的部位。清洁时应注意：①只能使用适合所用密封件的清洗剂；②清洗剂不能磨损或腐蚀接触待测介质部件的材料；③避免热冲击或温度快速变化，清洗剂与清水冲洗的温差应尽可能小。

表 5-10 列出了压力表可能存在的故障以及相应的措施。

表 5-10　压力表可能存在的故障解析

故障现象	可能原因	措施
压力有变化但指针不转动	指针损坏	更换仪表
	承压元件损坏	
	承压元件堵塞	
压力归零后指针不归零位	机芯卡顿	轻敲表壳
	仪表超负载使用	更换仪表
	承压元件疲劳	
	排气阀未开	打开排气阀
设备精度超出范围	仪表运行超出了限制	检查是否在要求范围内使用或更换仪表
指针抖动	应用场合有振动源	使用防振型压力表
机械损伤（表壳、玻璃）	操作不当，搬运不当	更换仪表

5.4　弹性元件式压力仪表的应用案例

1. 机械制造与自动化应用案例

（1）用于特种设备　从游乐设施到车间升降平台和机床或塑料机械，它们的运行通常需要液压动力装置，系统压力可通过压力表读取。在振动的环境下，可使用充液式压力表读取数据。

（2）用于压缩机组件　螺杆式压缩机是工业中广泛使用的压缩机。此类压缩机能够连续供应压缩空气，操作方便，噪声小且效率高（可用于生产安全、环境保护和噪声控制等方面）。在进气口和压缩空气出口处，需对压力和温度进行测量。

（3）用于风机盘管　风机桨叶的调整、操纵台与风向的对准，以及一些安全功能，如盘式制动或螺栓维护，都是以液压的方式在液压动力装置驱动下实现的，因此需要用压力表实时监控液压。

2. 工业气体行业应用案例

（1）用于焊接式调节器　弹簧管压力表被用在拥有传统“米老鼠”设计的普通调节器内，也可作为集成组件安装在调节器的塑料外壳中；压力表可显示气瓶以及气体输送管道内的压力。

（2）用于医疗卫生行业　无论在急诊室、手术室、重症监护室、医院病房还是在救护车上，医用气体压力表在医院被广泛使用。医疗保健中需要多种医用气体，如医疗空气、二氧化碳（CO_2）、氦气（He）、一氧化二氮（N_2O）、氮气（N_2）、一氧化氮（NO）、氧气（O_2）、氙气等。为确保气体的顺利供应和传输，气体储罐或气瓶、阀组、压力控制器、封闭控制柜上需安装压力表，作为气体输送系统和用户站的二级调节器。

（3）用于消防安全系统　基于气体压力表的消防系统是保护公寓、数据中心、医院、酒店、停车场、餐厅和大学等各种建筑以及制造加工工厂的财产安全和人身安全的重要组成部分。压力表的任务是当气瓶内的压力偏离要求值时，监测并触发警报。

3. 石油化工行业应用案例

石油化工行业很特殊，由于易燃易爆因素，工作环境和设备都需要严格的管理和控制，其设备运行介质均为易燃易爆物质，工作安全是行业关注的最大焦点，因此其管道、蒸馏塔、蒸汽锅炉、提取器、冷凝物分离器、油罐区等处都需要用压力表来监测流体压力。

适用的压力表类型：不锈钢弹簧管压力表、隔膜密封压力表、膜盒压力表、电接点压力表、电信号输出压力表及差压表等。

4. 电力行业应用案例

电力行业的各个领域，从大型发电厂（火电、核电和水电）到调峰电厂（如汽轮机发电厂）、分散系统（热电站、风力发电站和沼气发电站）均涉及压力监测。尤其是核电厂，对压力表的材质、制造工艺、洁净度等有极高的要求。

适用的压力表类型：不锈钢弹簧管压力表、隔膜密封压力表、膜盒压力表、电接点压力表、电信号输出压力表、差压表等。

5. 半导体行业应用案例

高纯度、抗腐蚀性介质、防漏、一体化、高精度以及 SEMATECH 和 SEMI 标准构成了半导体行业对测量仪表在研发和生产上的基本要求。气体、化工和溶剂供应系统均需要无静电感应并易擦洗的压力表进行监测。具体包括气体传输系统（气动操纵杆、气动操作盘、散装气体供应系统）、高纯度供水、液态化学原料供应、液化气和溶剂液位测量等。

适用压力表类型：不锈钢弹簧管压力表、膜盒压力表、电信号输出压力表等。

6. 制药与生物技术行业应用案例

制药生产过程中对产品的质量和安全的要求较一般行业更为严格，无菌化生产对于成本控制和生产安全（前后阶段）是至关重要的。清洁无菌、无污染的生产工艺链是确保产品质量的决定因素。因此工艺链过程中的测量仪表必须符合严格的卫生设计标准，满足高精度测量需求。在生物处理设备、生物连接和生物控制等领域，压力表也有着广泛的应用。

适用的压力表类型：弹簧管压力表、隔膜密封压力表、膜盒压力表、电接点压力表、电信号输出压力表等。

第6章　电测式压力仪表

6

电测式压力仪表作为仪器仪表的重要组成部分，是人类在当今信息时代准确、可靠地获取自然和生产领域相关信息的重要工具，在提高科学探究水平、发展经济和推动社会进步方面有着重要的作用。从某种程度上说，机械延伸了人类的体力，计算机延伸了人类的智力，而仪器仪表则延伸了人类的感知力。电测式压力仪表的发展极大推动着生产和科技的进步。

现代电测式压力仪表以压力传感器为基础，而压力传感器的发展以半导体传感器的发明为标志，半导体传感器的发展可以分为以下四个阶段：

1945—1960 年：发现阶段。

1960—1970 年：商业市场化发展阶段。

1970—1980 年：降成本和市场扩展阶段。

1980 至今：微加工和市场快速成长阶段。

现代科学技术和生产的发展对压力传感器提出了越来越高的要求，同时也为传感器的开发提供了丰富的研究手段和技术条件。目前压力传感器的发展总方向是如何采用新技术、新工艺、新材料和利用新的理论使其达到新的技术高度。简单概括主要有两个方向：一是进行基础研究，发现新现象，开发传感器的新材料和新工艺；二是实现传感器的集成化和智能化。具体分为如下几方面：

（1）提高精度和扩大测量范围　随着自动化程度和技术水平的提高，新型压力传感器应具有更高的灵敏度和精度、更快的响应速度、更好的互换性和更大的测量范围。

（2）低功耗及无源化　多数传感器工作时需要配有电源，因此在野外或无法取得电源的地方常采用独立电池或太阳能对传感器进行供电。开发低功耗传感器及无源传感器，既可以节省电能，又可以扩大传感器的应用范围。如英国德鲁克公司的 DPS5000 - I2C 数字式压力变送器，采用 I2C 数字接口，可以输出补偿好的压力与温度信号，3V 供电条件下待机电流不大于 50μA，采样电流不大于 2mA。

（3）微型化及集成化　从使用角度看，传感器的体积越小越好，这就需要半导体方向的微加工技术，同时研究多功能一体的传感器。

（4）智能化　随着电子技术的发展，传感器已经突破传统的功能。智能传感器模糊了检测系统和传感器的界限，其本身将集成微处理器，兼有检测、判断、信号处理等功能。

6.1　电测式压力仪表的工作原理与结构

电测式压力仪表可以定义为一种以一定精度将被测压力值转换为与之有确定关系的、便于应用的某种物理量的测量器件或装置。上述定义包含以下含义：电测式压力仪表是测量装置，能完成测量任务；其输入量是压力信号，测量介质可以是气态、液态及混合态；其输出量是某种便于传输、转换、处理和显示的物理量，目前主要是电信号；输出量与输入量之间有确定的对应关系，并且具有一定的精确度。

电测式压力仪表一般由压力敏感元件和转换元件两部分组成。压力敏感元件输出信号一般都很微弱，需要相应转换电路将其变为易于传输、转换、处理和显示的物理量形式。另外，还需要外加辅助电源提供必要的能量，所以还有转换电路和辅助电源。有的电测式压力仪表还有测试结果显示的功能，所以还有显示元件。因此，电测式压力仪表的基本组成框图如图6-1所示。

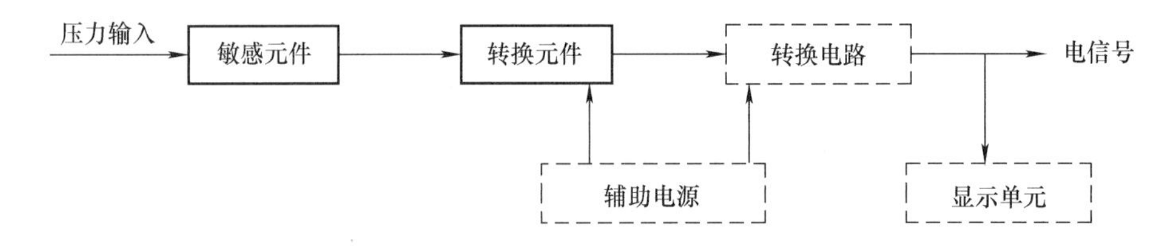

图6-1　电测式压力仪表的基本组成框图

（1）敏感元件　敏感元件是测试压力仪表中能够直接感受或响应被测量的部分，其能够直接感受并测量被测量并输出与之有确定关系的另一类物理量。如应变式压力传感器的应变片，能够将作用在应变片上的压力变化转换成应变片尺寸的变化。

（2）转换元件　有时需要将敏感元件的输出转换为电参量（电压、电流、电阻、电容、电感等），以便于进一步处理，转换元件是传感器中将敏感元件的输出转换为电参量的部分。

（3）转换电路　如果转换元件输出的信号很微弱，或者是不易于处理的电压、电流信号，而需要其他电参量，则需要转换电路将其变为易于传输、转换、处理和显示的形式。此外，有些压力仪表还需要增加温度、零点或满点的补偿，则转换电路中还会包括补偿模块。所以，转换电路的功能就是把转换元件的输出信号变为易于处理、显示、记录和控制的信号。

（4）辅助电源　辅助电源就是提供电测式压力仪表正常工作所需能量的电源部分。它有内部供电和外部供电两种形式。

（5）显示单元　显示单元的主要功能是显示转换电路的输出信号及其他附加的控制指示信息。

6.2　电测式压力仪表的分类与计量特性

电测式压力仪表的种类繁多，功能各异，应用领域广泛。一般根据结构和输出信号的不同，将电测式压力仪表分为压力传感器和压力变送器。

6.2.1　压力传感器

压力传感器是一种能感受压力信号，并能够按照一定的规律将压力信号转换成可用的输出信号的器件或装置，其基本组成框图如图 6-2 所示。

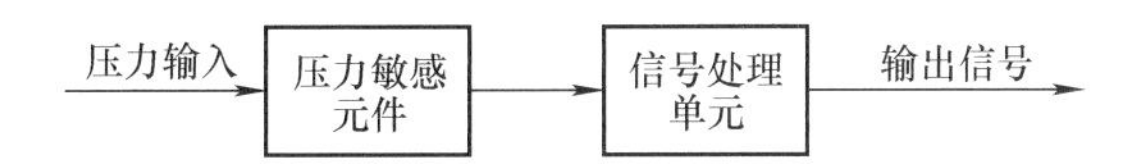

图 6-2　压力传感器的基本组成框图

1. 压力传感器的主要分类

压力传感器的敏感元件有很多种，主要是以硅材料为主的半导体材料、石英材料、金属材料、精密陶瓷材料等。而根据敏感元件感应原理不同，目前较普遍的压力传感器主要为压阻式压力传感器、电容式压力传感器、电磁式压力传感器、霍尔式压力传感器、压电式压力传感器和谐振式压力传感器等。

（1）压阻式压力传感器　压阻式压力传感器在压力膜片上安装电阻条，当压力作用在膜片上时会产生应变，电阻条阻值会发生变化，此时平衡的电桥电路会输出与压力相关的电信号。目前一般的压阻式压力传感器的基底材料是单晶硅，感压元件是硅膜片，所以也称之为硅压阻式压力传感器。其特点是灵敏度高、响应快、测量精度高、工作温度范围宽、抗振动冲击性能好、安装维护方便、易于小型化和批量生产，但是其仅适用于低中压测量，同时受温度影响较大，需增加额外的温度补偿来修正温度误差。其基本结构如图 6-3 所示。

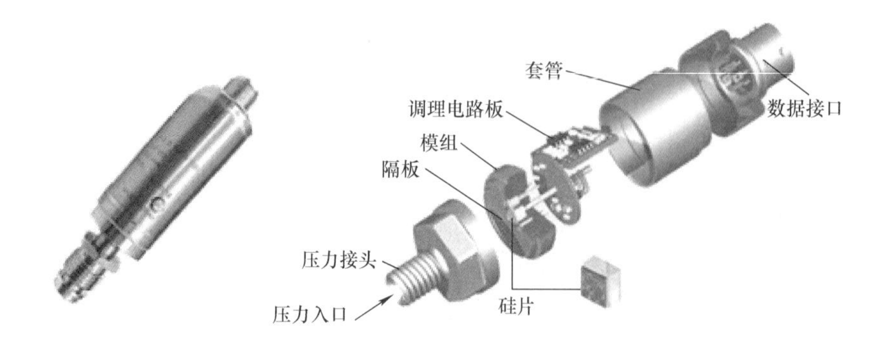

图 6-3　硅压阻式压力传感器的基本结构

压阻式压力传感器的敏感元件如图 6-4 所示，是在 N 型膜片上扩散的四个 P 型电阻条。当压力 p 作用在压力膜片上时，电阻条 R_1 受压电阻变小，电阻条 R_2 受拉电阻值变大，如图 6-5 所示。

图 6-4　硅压阻式压力传感器的敏感元件

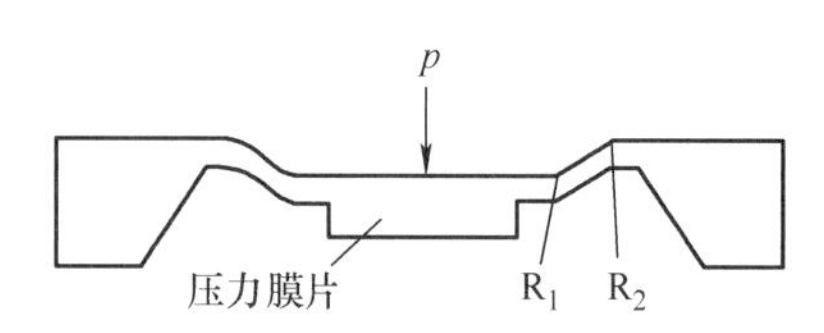

图 6-5　硅压阻式压力传感器敏感元件受力示意图

四个扩散电阻条可以按照图 6-6 所示的方式连接成惠斯通全桥电路，惠斯通全桥电路又叫全桥差动电路。其桥路输出可以按照式（6-1）计算。

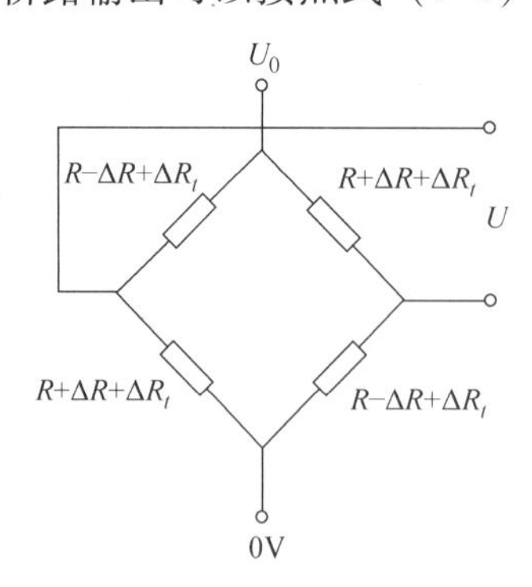

图 6-6　惠斯通全桥电路

$$
\begin{aligned}
U &= U_0\left[\frac{R-\Delta R+\Delta R_t}{(R-\Delta R+\Delta R_t)+(R+\Delta R+\Delta R_t)}-\frac{R+\Delta R+\Delta R_t}{(R-\Delta R+\Delta R_t)+(R+\Delta R+\Delta R_t)}\right]\\
&=\frac{\Delta R}{R+\Delta R_t}U_0 \qquad (6\text{-}1)
\end{aligned}
$$

式中 U——全桥电路的有效输出电压（mV）；

ΔR——桥路电阻由于压力膜片变形引入的阻值变化（Ω）；

ΔR_t——桥路电阻由于温度变化引入的阻值变化（Ω）；

U_0——全桥电路的有效输入电压（V）。

由式（6-1）可知，在不考虑温度影响的情况下全桥电路的输出值与电阻值的变化成正比。但是如果需要较高的全温区精度，压阻式压力传感器需要添加温度补偿模块。

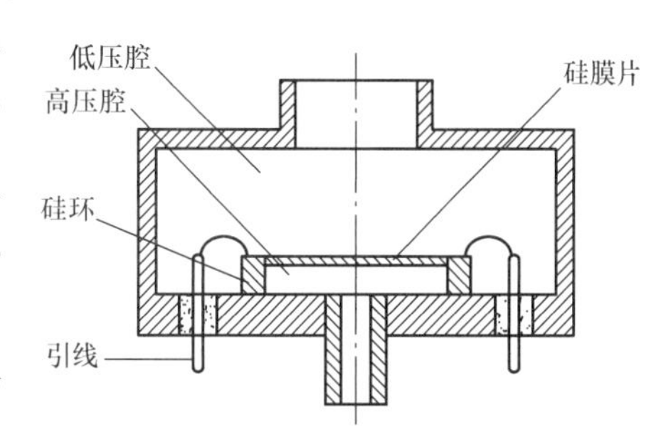

图6-7 硅压阻式压力传感器压力芯体的基本结构

感压元件（也叫压力芯体）的基本结构如图6-7所示。被测压力从高压腔引入，低压腔可以连通大气，可以抽真空也可以封闭一个固定的压力（通常为100kPa），做成不同压力类型的感压元件。压力作用在硅膜片上引起膜片形变，从而改变膜片上扩散电阻桥路的阻值大小。桥路输出由引线导入后面的信号处理单元做进一步的处理。图6-8所示为充油压力芯体的基本结构，基本上由三个部分组成：隔离膜片，用来隔离被测介质并将测试压力传递到敏感元件；基体，元器件组装的基体，同时有时也可以承受被测压力和环境压力；压力敏感元件，感压并输出电信号。

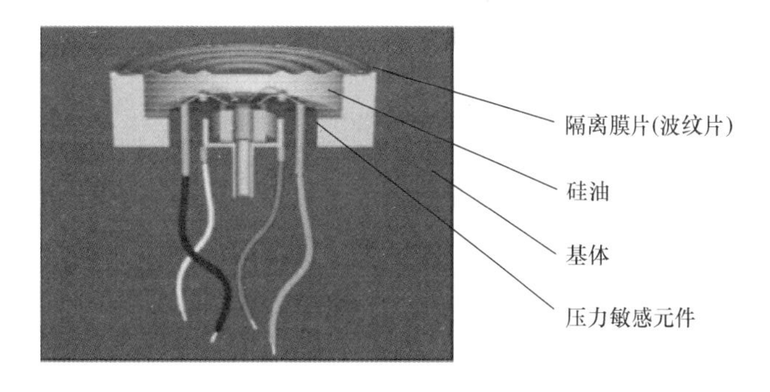

图6-8 硅压阻式压力传感器充油压力芯体的基本结构

除了单晶硅，还有部分压阻式压力传感器敏感元件以陶瓷作为基体，如图6-9所示。基于这种原理做出来的压力传感器或变送器的特点为：耐介质能力强，卓越的抗腐蚀和抗磨损性能、良好的温度和长期稳定性、工作温度范围宽、抗振动冲击性能好、可小型化大批量生产、成本低，但是测量精度较硅压阻式压力传感器低一个等级。

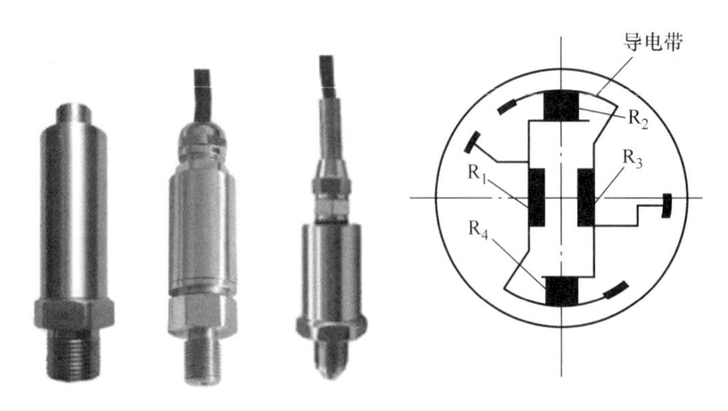

图 6-9　陶瓷压阻式压力传感器及其敏感元件

（2）电容式压力传感器　电容式压力传感器利用一种电容式敏感元件将被测压力转换成电容变化。其优点是输入能量低、动态响应高、受自然效应影响小和工作温度范围宽，适用于中低微压测量。虽然受温度影响较小而且环境适应性好，但是线性度比较差，很容易受到寄生电容的影响。

电容式压力传感器压力敏感元件由圆形薄膜与固定电极构成。薄膜在压力的作用下变形，从而改变电容器的容量，其灵敏度大致与薄膜的面积和压力成正比，而与薄膜的张力和薄膜到固定电极的距离成反比。另一种形式的固定电极取凹形球面状，膜片为周边固定的张紧平面，膜片可用塑料镀金属层的方法制成。这种形式适用于测量低压，并有较高的过载能力，如图 6-10 所示。

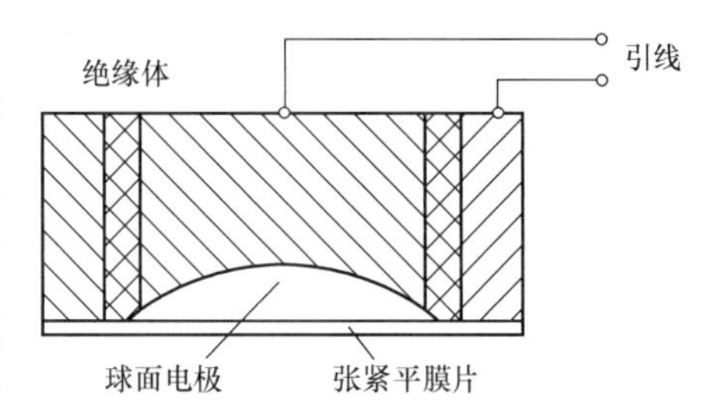

图 6-10　电容式压力传感器凹形固定电极敏感元件

此外，电容式压力传感器敏感元件也常做成差动结构，如图 6-11 所示，它的受压膜片电极位于两个固定电极之间，构成两个电容器。

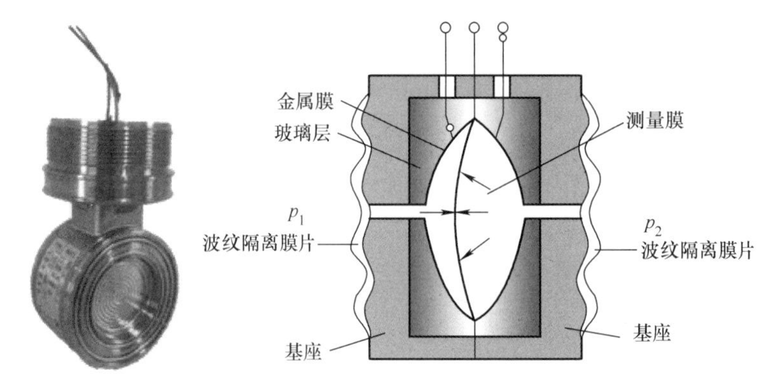

图 6-11　差动电容式压力传感器及其压力芯体

在压力的作用下，一个电容器的容量增大而另一个则相应减小，测量结果由差动式电路输出。它的固定电极是在凹曲的玻璃表面上镀金属层而制成的。过载时膜片受到凹面的保护而不致破裂。差动电容式压力传感器比单电容式的灵敏度高、线性度好，但是体积较大，不易于小型化的自动化生产。

（3）电磁式压力传感器　电磁式压力传感器利用电磁感应原理将被测压力转换成线圈自感量 L 或互感量 M 的变化，再由测量电路转换为电压或电流的变化量输出，因此也称变磁阻性压力传感器。

根据结构的不同，电磁式压力传感器可分为变隙电感式压力传感器和螺管式电感压力传感器。

1）变隙电感式压力传感器的基本工作原理如图6-12所示，由铁心、线圈、衔铁等组成。线圈绕在铁心上，衔铁与压力膜盒顶端固定。当压力进入膜盒时，膜盒的顶端在压力 p 的作用下产生与压力 p 大小成正比的位移，于是衔铁也发生移动，从而使气隙发生变化，流过线圈的电流 A 也发生相应的变化，电流表的指示值就反映了被测压力的大小。

2）螺管式电感压力传感器的基本工作原理如图6-13所示，当线圈的中心部分插入一个铁心，就成了螺管式电感式压力传感器，当铁心在被测压力 p 作用下沿轴向移动时，线圈的电感就会发生变化。其测量的位移量可以从数毫米到数百毫米。

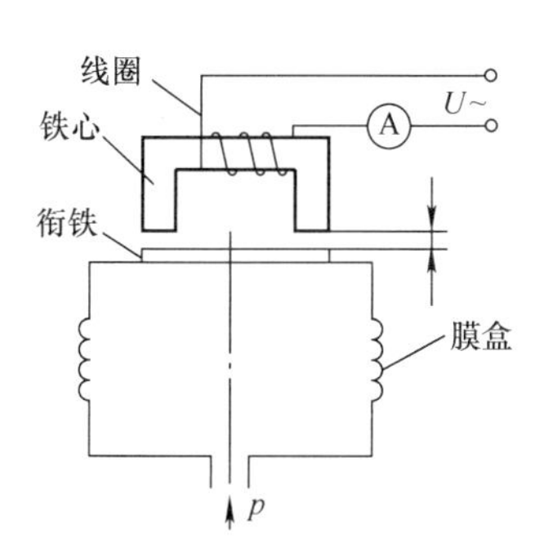

图6-12　变隙电感式压力传感器的基本工作原理

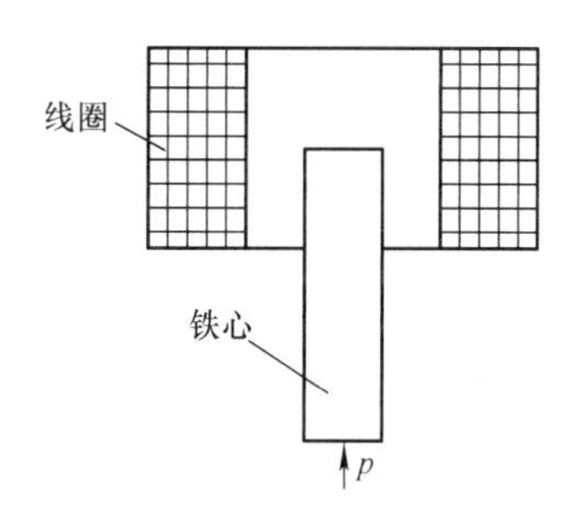

图6-13　螺管式电感压力传感器的基本工作原理

为了提高传感器的精度和灵敏度，电磁式压力传感器的结构也可以做成差动式。如图6-14和图6-15所示，其基本结构主要有变隙式差动电感传感器和螺管式差动电感传感器两种。

（4）霍尔式压力传感器　霍尔式压力传感器是根据霍尔效应制作的一种磁场压力传感器。

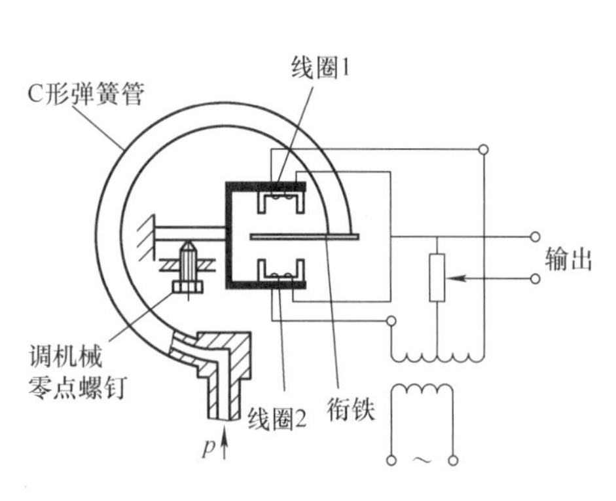

图 6-14　变隙式差动电感传感器的结构

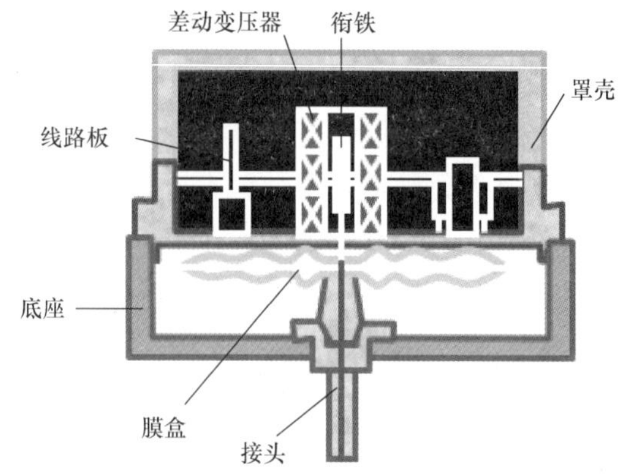

图 6-15　螺管式差动电感传感器的结构

霍尔效应是磁电效应的一种，如图 6-16 所示，即在半导体上外加与电流 I 方向垂直的磁感应强度 B，会使得半导体中的电子与空穴受到不同方向的洛伦兹力而在不同方向上聚集，在聚集起来的电子与空穴之间会产生电场，电场力与洛伦兹力产生平衡之后，不再聚集，此时电场将会使后来的电子和空穴受到电场力的作用而平衡掉磁场对其产生的洛伦兹力，使得后来的电子和空穴能顺利通过不会偏移，这个现象称为霍尔效应。而产生的内建电压称为霍尔电压 V_{H}。

如图 6-17 所示，霍尔式压力传感器的工作原理是被测压力由弹簧管的固定端引入，弹簧管的自由端与霍尔片相连，在霍尔片上下方设有两对垂直放置的磁极，使其处于两对磁极的非均匀磁场中。霍尔片的四个断面引出四条导线，其中与磁铁平行的两根导线加入直流电，另外两根作为输出信号。当压力 p 改变时，霍尔片的位置随着由于变形而移动，所对应的磁感应强度也随之改变，其霍尔电势也随着磁感应强度的改变而改变。

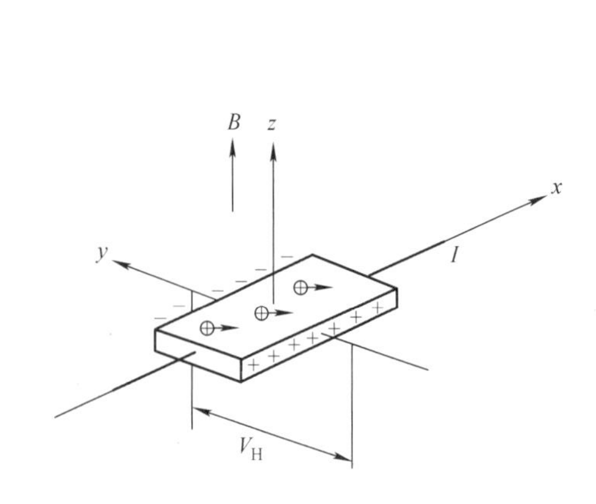

图 6-16　霍尔效应原理示意图

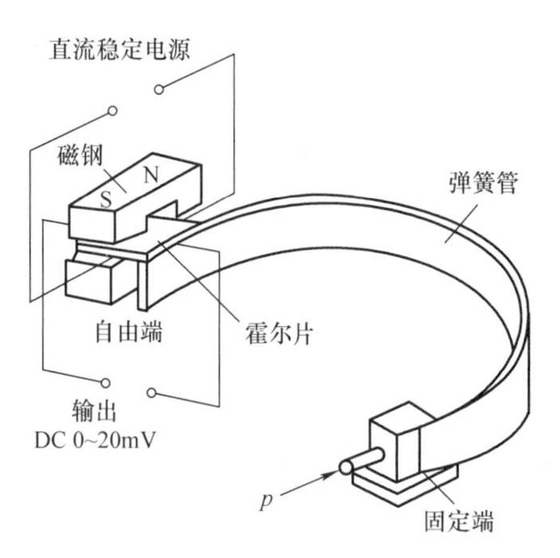

图 6-17　霍尔式压力传感器的基本结构

由于其结构设计原因，霍尔式压力传感器灵敏度和防电磁干扰能力较弱，一般用于低精度和良好环境下的压力测量。

（5）压电式压力传感器　如图 6-18 所示，压电式压力传感器基于压电效应，其敏感元件由压电材料制成。压电材料受力产生电荷，此电荷经电荷放大器和信号处理电路就成为正比于所受外力的电量输出。压电式压力传感器的优点是频带宽、灵敏度高、信噪比高、结构简单、重量轻、耐高温等，但是压电材料需要防潮措施，输出直流响应差，往往只能用来进行动态测试。所以其广泛应用在生物医学测量中，比如心室导管式微声器就是由压电式压力传感器制成的。

大多数压电式压力传感器是利用正压电效应原理制成的。正压电效应是指当晶体受到某固定方向外力的作用时，内部就产生电极化现象，同时在某两个表面上产生符号相反的电荷；当外力撤去后，晶体又恢复到不带电的状态；当外力作用方向改变时，电荷的极性也随之改变；晶体受力所产生的电荷量与外力的大小成正比。

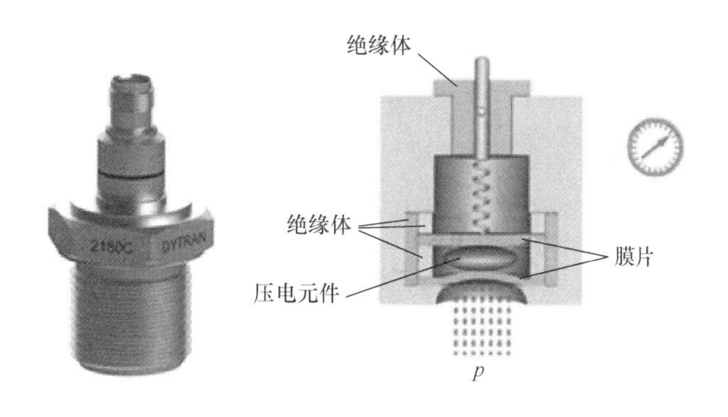

图 6-18　压电式压力传感器的结构

（6）谐振式压力传感器　谐振式压力传感器利用谐振元件将被测压力信号转换为频率信号。当被测参量发生变化时，振动元件的固有振动频率随之改变，通过相应的测量电路，就可以获得与被测压力有一定关系的电信号。20 世纪 70 年代以来，谐振式压力传感器在电子技术、测试技术、计算技术和半导体集成电路技术的基础上迅速发展起来。其优点是体积小、重量轻、结构紧凑、分辨力高、精度高以及便于数据传输、处理和存储等。按谐振元件的不同，谐振式压力传感器可分为振弦式、振筒式、振梁式、振膜式和压电谐振式等类型的传感器。

下面以振弦式压力传感器为例，分析其基本结构和原理。

如图 6-19a 所示，基于半导体沟槽刻蚀技术，振弦式压力传感器感压元件主要分为四个部分：覆盖层、谐振层、膜片层和玻璃衬底层。覆盖层直接承受待测压力，并保护谐振层结构稳定，并与膜片层共同构成谐振腔；谐振层为核心敏感元件，通过深度离子反刻蚀技术，在单晶硅上刻蚀出如图 6-19a 中所示右侧悬臂梁结构，谐振层、覆盖层和膜片层之间均为真空压力；玻璃衬底为振弦式压力传感器整体结构的基体。

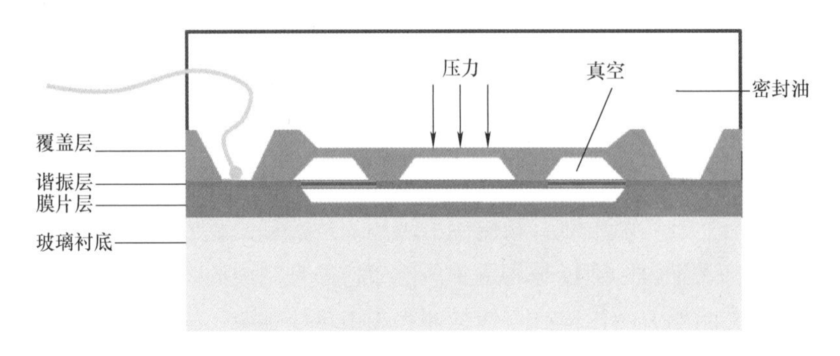

a) 感压元件组成

b) 谐振层形变

图 6-19　振弦式压力传感器敏感元件工作原理

压力敏感元件工作时，谐振层谐振器受激进行振荡，振荡频率为谐振器的固有频率。外界测量压力通过波纹片、硅油等传递到覆盖层，覆盖层受压变形导致谐振层形变，如图 6-19b 所示，谐振器形变时，其振荡固有频率发生了比例变化，引起了谐振频率的变化。频率的变化可以通过后道的信息处理电路转换放大处理，输出与待测量有一定关系的频率（TTL）、RS485、RS232 或 USB 等信号。运用硅熔融键合技术（SFB）可以使不同厚度的覆盖层与谐振器键合在一起，使压力芯体拥有更宽的压力应用范围，高压可达 140MPa。基于这种原理加工出的谐振式压力芯体，其性能只取决于硅的力学性能，所以在温度范围为 -55℃ ~125℃ 内有很高的稳定性。目前硅谐振技术最成熟的国家为英国，代表企业为德鲁克。其量产的硅谐振传感器（TERPS 传感器）工作温度可以做到 -40℃ ~125℃，精度可达到全温区综合精度为 ±0.01% FS，甚至量值传递级的传感器精度可以做到 ±0.005% FS。

2. 压力传感器的特性分析

压力传感器研究的核心问题就是输出量与输入量之间的对应关系，这种确定的对应关系存在于时间和空间中。压力传感器的静态特性和动态特性是从时域上，在正常工作条件下，分析输出量对输入量的依存关系。

（1）静态特性

1）输入输出静态函数关系。压力传感器静态输入量有两种形态：一种是输入量为常量或随时间缓慢变化的量，称为静态输入；另一种输入量随时间变化，称为动态输入。无论输入量是静态还是动态，输出量都跟随输入量变化。研究这种跟随性，就是输入量与输出量之间的关系特性。这种关系特性是压力仪表的工作质量的表征，即由压力仪内部结构参数决定的特性。压力传感器输入输出静态函数关系可表示为

$$y = a_0 + a_1 x + a_2 x^2 + \cdots + a_n x^n \tag{6-2}$$

式中　a_0——零位输出值；

a_1——线性输出系数或称为理论灵敏度；

a_2，…，a_n——非线性项系数。

2）线性度。线性度是指校准曲线接近规定直线时的吻合程度。线性度误差 r_L 是校准曲线与规定直线之间的最大偏差的绝对值，也叫非线性误差，定义为

$$r_L = \pm \frac{\Delta_{Lmax}}{y_{FS}} \times 100\% \tag{6-3}$$

式中　Δ_{Lmax}——压力传感器最大偏差（A 或 V）；

y_{FS}——满量程时的输出值（A 或 V）。

线性度误差的大小与所选择拟合直线有关，拟合直线不同，线性度误差也不同。常用的线性度有如下三种：

第一种是独立线性度，即压力传感器的校准曲线可以调整到接近规定的直线，使最大偏差为最小时的吻合程度，如图 6-20 所示。一般规定直线采用理论拟合，使用最小二乘法拟合出规定直线。

第二种是端基线性度，即压力传感器的校准曲线可以调整到接近规定的直线，使输入输出两条曲线的范围上限值和范围下限值重合时的吻合程度，如图 6-21 所示。其规定直线采用的是端点连线拟合。

第三种是零基线性度，即压力传感器的校准曲线可以调试到接近规定的直线，使两条曲线的范围下限值重合，且最大正偏差与最大正偏差相等时的吻合程度，如图 6-22 所示。其规定直线采用的是过零旋转拟合。

3）分辨力与阈值。分辨力是指压力传感器能检测到的最小输入增量，是反应压力传感器精密程度的综合指标。因为只有压力传感器的输入量变化到一定程度

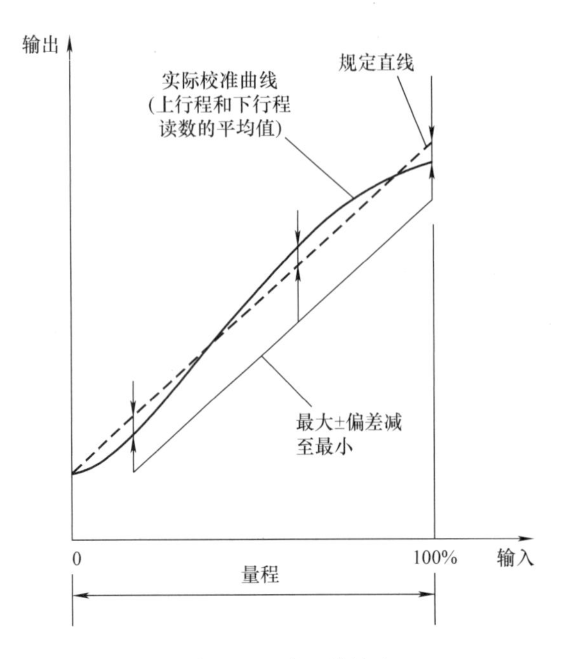

图 6-20　独立线性度

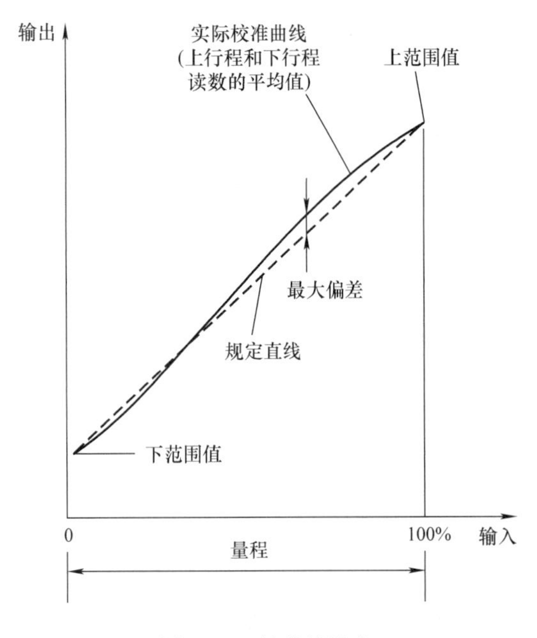

图 6-21　端基线性度

时，输出量才能被察觉，可以用分辨力（分辨率）来评定传感器的这一能力。分辨力在压力传感器的设计、制造和选择上极为重要，因为压力传感器的精度永远低于其分辨力，只有高分辨力的压力传感器才能具有高的精度。

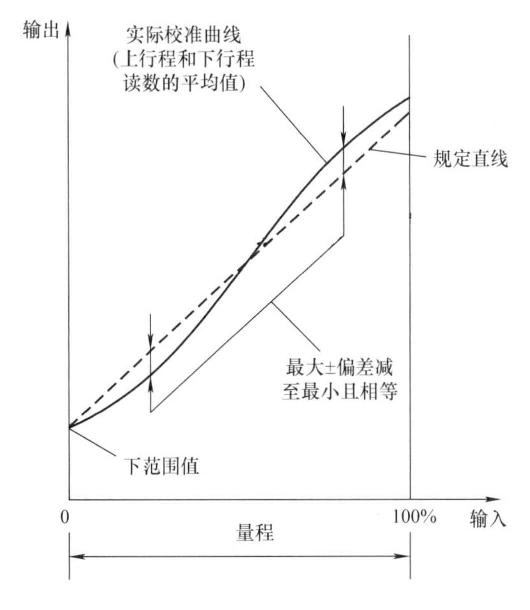

图 6-22　零基线性度

分辨率定义为分辨力与压力检测仪满量程输入 x_{FS} 之比，其中分辨力用 $|\Delta x_{min}|$ 表示。即

$$R_{min} = \frac{|\Delta x_{min}|}{x_{FS}} \tag{6-4}$$

压力传感器零点附近的分辨力称为阈值，即零位分辨力，是指输入量从零开始变化时，可以察觉到输出量开始变化的最小输入量值。阈值和分辨力一样，都是有量纲的量，量纲由输入量的量纲决定。

4）灵敏度。灵敏度 k 是指压力传感器响应的变化 Δy 除以相应的激励变化 Δx，即压力检测仪输出变化量 dy 与引起该变化的输入变化量 dx 的比值，又称灵敏系数 y'，表示为

$$k = \frac{\Delta y}{\Delta x} = \frac{dy}{dx} = y' \tag{6-5}$$

理想的线性关系时，灵敏系数为常数，灵敏系数的量纲由输入量和输出量决定。

从物理意义上讲，灵敏度是广义的增量。而分辨力是指可观察到的最小输入变化量，即不灵敏程度。相对灵敏度来讲，分辨力是死区的大小，而阈值是零点死区的大小。

5）迟滞和重复性。压力传感器的迟滞特性表示正向和反向的实际特性曲线的不重合程度，正向和反向特性曲线会形成一个封闭环，叫迟滞环，如图 6-23 所示。

同一大小的输入量，正、反行程对应的输出量大小并不相等，产生迟滞误差，也叫回程误差。

迟滞误差或回程误差 r_H 的大小一般用试验方法确认，定义为正反行程最大输出差值 Δ_{Hmax} 与输出满量程值 y_{FS} 之比。即

$$r_H = \pm \frac{\Delta_{Hmax}}{y_{FS}} \times 100\% \tag{6-6}$$

重复性是指压力传感器在同一工作条件下，输入按照同一方向连续多次变动时所测得的多个特性曲线的不重合程度，如图 6-24 所示。

重复性误差 r_R 是指输出量的最大不重复误差 Δ_{Rmax} 与满量程输出 y_{FS} 的比值。即

$$r_R = \pm \frac{\Delta_{Rmax}}{y_{FS}} \times 100\% \tag{6-7}$$

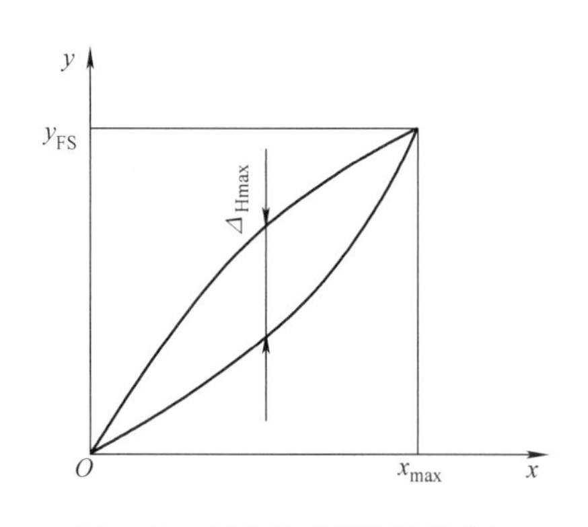

图 6-23　压力传感器的迟滞特性

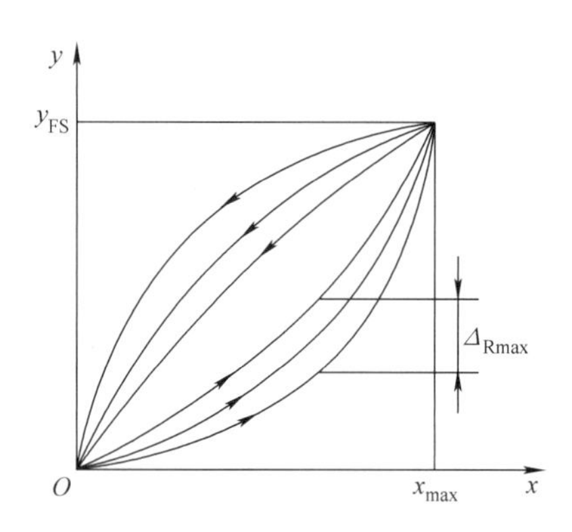

图 6-24　压力传感器的重复性

6）时漂和温漂。时漂和温漂是反应压力传感器稳定性的指标。时漂是指温度恒定在某一固定输入情况下，传感器输出量在较长时间内的变化情况。温漂是指某一固定输入情况下，传感器输出量随外界温度变化而变化的情况。这些都是由敏感元件和电路器件特性的时间效应和温度效应造成的。

7）稳定性。稳定性是指系统受外界扰动偏移稳态条件后，当扰动终止时回复到稳态条件的特性。压力传感器的稳定性常指长期稳定性，用目前输出值与初始标定值之间的最大差值 Δ_{Smax} 与满量程输出 y_{FS} 之比来表示。即

$$r_S = \pm \frac{\Delta_{Smax}}{y_{FS}} \times 100\% \tag{6-8}$$

长期稳定性以年为周期进行规定，如长期稳定性 0.1% FS/年。

8）静态误差。静态误差是指压力传感器在其全量程内任一点的输出值与其理

论值的偏离程度，其值即示值误差。

静态误差的求取方法：把全部输出数据与拟合直线或理论曲线上对应值的残差看成是随机分布，求出其标准偏差。

9）精确度。精确度是精密度与准确度两者的总和，精确度高表示精密度和准确度都比较高。在最简单的情况下，可取两者的代数和。压力传感器常以测量误差的相对值表示。

精密度是指示测量仪输出值的分散性，即对某一稳定的被测量，由同一个测量者，用同一个测量仪，在相当短的时间内连续重复测量多次，其测量结果的分散程度。精密度是随机误差大小的标志，精密度高，意味着随机误差小。

准确度是指示测量仪输出值与真值的偏离程度。准确度是系统误差大小的标志，准确度高意味着系统误差小。所以，精密度高不一定准确度高，准确度高也不一定精密度高。精密度、准确度与精确度之间的关系如图 6-25 所示。

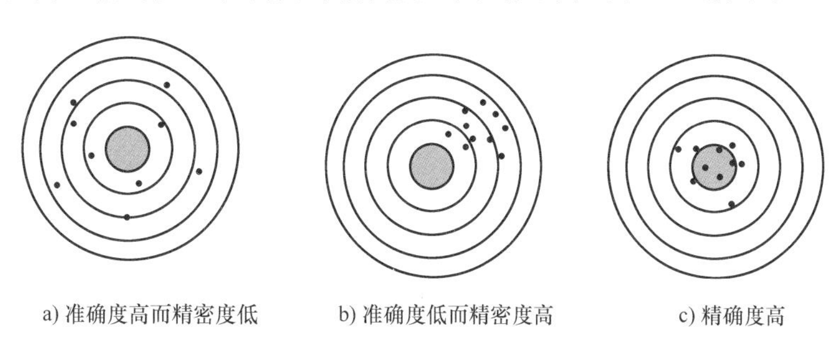

a) 准确度高而精密度低　　b) 准确度低而精密度高　　c) 精确度高

图 6-25　精密度、准确度与精确度之间的关系

（2）动态特性　压力传感器的输入量是随时间变化的，其输出信号也必须跟随时间变化，这种跟随性即响应。如果压力传感器只具有良好的静态特性，对输入量快速变化的跟随性误差，在有些使用场合会出现跟随性误差，使测试仪无法在动态条件下正常工作。因此，对动态信号的检测不仅要测出输入信号幅值的大小，还要测出动态输入信号随时间变化过程的波形。

压力传感器的动态特性是指压力传感器对激励（输入量）的响应（输出量）特性。一般要求测试仪器输出随时间变化的规律与输入随时间变化的规律相同，即两者具有相同的时间函数。

但是实际上输出信号与输入信号不会有相同的时间函数，这种差异是动态误差。产生动态误差的主要原因是系统的惯性，如热惯性、机械惯性和电惯性等都是导致动态误差的原因。针对压力传感器的动态特性常做的分析主要包括频率响应分析和时域响应分析。

由于计量领域常见的是静态压力测试仪表，所以此处不再对动态特性的分析做详细解释。

3. 计量特性要求

（1）准确度等级和基本误差限　表6-1列举出了准确度等级和基本误差限的对应关系，其中，基本误差限以满量程输出值的百分数（%FS）表示。

表6-1　准确度等级和基本误差限的对应关系

准确度等级	基本误差限（%FS）
0.01级	±0.01
0.02级	±0.02
0.05级	±0.05
0.1级	±0.1
0.2级（0.25级）	±0.2（±0.25）
0.5级	±0.5
1.0级	±1.0
1.5级	±1.5
2.0级（2.5级）	±2.0（±2.5）
4.0级	±4.0

（2）工作直线和技术指标

1）压力传感器的工作直线可采用端点平移直线和最小二乘直线确定，其中工作直线的斜率b即为压力传感器的灵敏度。

2）压力传感器的重复性不得大于基本误差限的绝对值。

3）压力传感器的迟滞不得大于基本误差限的绝对值。

4）压力传感器的线性的绝对值不得大于基本误差限的绝对值（非线性压力传感器不做要求）。

5）压力传感器的零点漂移不得大于基本误差限绝对值的1/2（绝压压力传感器不做要求）。

6）压力传感器的周期稳定性为本次检定灵敏度与上周期灵敏度差值的绝对值，与本次检定灵敏度的比值百分数，不得大于基本误差限的绝对值。

7）压力传感器的静压零位变化不得大于基本误差限的绝对值（仅针对差压传感器）。

8）压力传感器的曲线符合度不得大于基本误差限的绝对值（仅针对非定点使用的非线性传感器）。

6.2.2 压力变送器

压力变送器是能将压力变量转换为可传输的标准化信号的仪表，其输出信号与压力变量之间有一给定的连续函数关系（通常为线性函数）。压力变送器是从压力传感器发展而来的，通过压力传感器与一定的测量电路一起将压力变量转换成可传送的统一输出信号，因而从一定意义上讲是属于输出标准信号的压力传感器。这种标准信号是指物理量的形式和范围都符合国际标准的信号，例如直流电流0mA～10mA、4mA～20mA，直流电压1V～5V，气体压力20kPa～100kPa等。当输出信号有了统一的形式和数值范围后，就便于与其他仪表一起组成检测、调节系统，完成生产过程中各种自动化测量和控制，从而实现对各种参量的统一控制和最佳优化。

1. 压力变送器的基本结构和分类

压力变送器一般由感压单元、信号处理和转换单元组成，有些压力变送器还有显示单元和现场总线功能，其组成框图如图6-26所示。

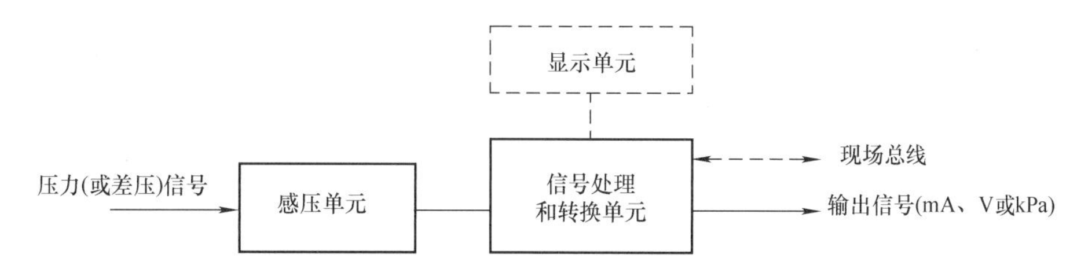

图6-26 压力变送器的组成框图

压力变送器按照输出信号的不同可以分为两大类，即气动压力变送器和电动压力变送器。目前随着技术的进步，气动压力变送器已逐渐被防（隔）爆型电动压力变送器所替代，本章后述内容若涉及也仅针对电动压力变送器。

2. 压力变送器的测量原理

压力变送器将压力（或差压）信号通过感压单元转换成某一个模拟量 Z_i，如电压、电流、电容等，在信号处理和转换单元通过反馈部分把输出信号 y 转换成反馈 Z_f，信号放大器将中间模拟量 Z_i 与反馈信号 Z_f 两者的差值 ε 进行放大，转换为标准输出信号 y，最终实现将电信号放大、校正、转换为标准电信号输出。

以力平衡式压力变送器为例，以电磁反馈力产生的力矩去平衡输入的压力在弹性元件上产生而作用在杠杆上的力，输出与杠杆上所受力成正比的标准电流0mA～10mA或4mA～20mA信号，间接反映出被测差压或压力值。其结构框图大致如图6-27所示。

测量过程中，测量部分将被测压力（差压）转换成相应的输入力，并与电磁

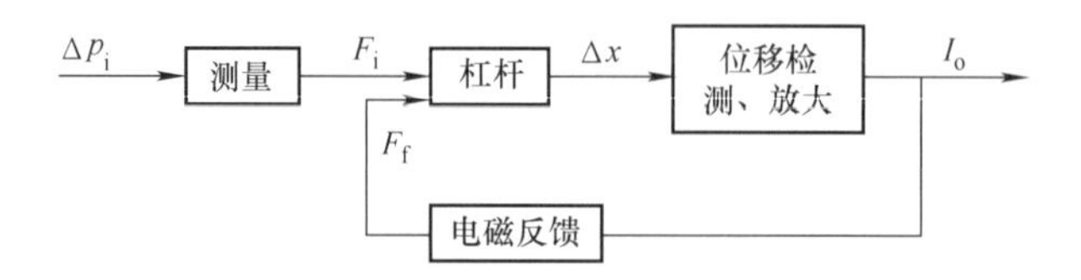

图 6-27　力平衡式压力变送器的结构框图

反馈机构中输出的反馈作用力一起使杠杆产生微小偏移 Δx，再经位移检测放大器转换成统一的标准电流信号。

压力变送器的输入 x 与输出 y 之间的关系为

$$\frac{x}{y}=\frac{Dk}{1+\beta k} \tag{6-9}$$

式中　D——输入转换部分的转换系数；

k——放大器的放大系数；

β——反馈部分的反馈系数。

当满足 $\beta k >> 1$ 时，

$$\frac{x}{y}=\frac{D}{\beta} \tag{6-10}$$

由于 $Z_i = Dx$，$Z_f = \beta k$，因而，当满足 $\beta k >> 1$ 的条件下，输入放大器的差值信号 ε 趋近于零。

3. 量程调整和零点迁移

（1）量程调整　其目的是使变送器的输出上限值 y_{max} 与输入信号最大值 x_{max} 相对应。量程调整实际上将改变变送器输入输出特性的斜率，即改变变送器输出 y 与输入 x 之间的关系。由式（6-10）可知，只要改变反馈部分特性，即改变反馈系数 β 就可以实现量程调整，β 越大，量程越大，反之，β 越小，量程越小。有的变送器通过改变输入转换部分特性即转换系数 D 来实现量程调整，D 越大，量程越小，反之，D 越小，量程越大。

（2）零点调整和零点迁移　其目的是使变送器的输出信号下限值 y_{min} 与输入信号的下限值 x_{min} 相对应。当 $x_{min}=0$ 时为零点调整，当 $x_{min}\neq 0$ 时为零点迁移。零点调整使变送器的测量起始点为零；若将测量起始点由零变到某一正值，则称为正向迁移；若将测量起始点由零变到某一负值，则称为负向迁移。零点迁移使变送器的输入输出特性沿横坐标向右（正向迁移）或向左（负向迁移）移动，其斜率不变即量程不变。零点迁移和量程调整可以提高变送器测量准确度。压力变送器的量程调整和零点迁移输入与输出特性如图 6-28 所示。

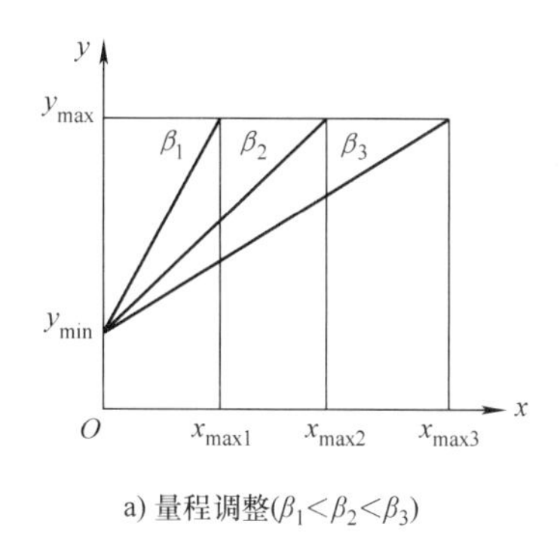

a) 量程调整($\beta_1<\beta_2<\beta_3$)

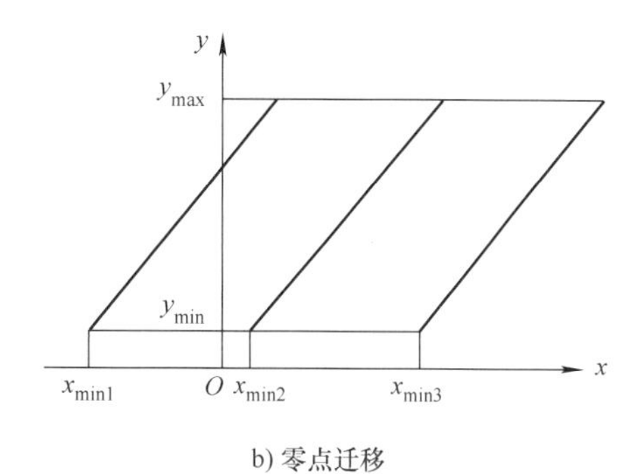

b) 零点迁移

图 6-28 压力变送器的量程调整和零点迁移的输入与输出特性

4. 输出信号与电源的连接方式

压力变送器输出信号与电源连接方式一般为四线制和二线制两种。四线制变送器主要是具有两根电源线，两根输出信号线；而二线制变送器只与两根导线连接，这两根导线既是电源线，又是信号线，同时传送变送器所需电源电压与输出电流。二线制变送器可以节省电缆，铺设时只需一根穿线管道，若用于易燃易爆场合，还可节省一只安全栅。因此，二线制变送器具有降低成本、节省人力、提高安全性能的优点。

二线制压力变送器，必须满足如下条件：

1）变送器的正常工作电流 I 必须不大于变送器最小输出电流 I_{omin}。即

$$I \leqslant I_{omin} \tag{6-11}$$

2）变送器输出端电压 V_T 必须不大于电源电压最小值 E_{min} 与最大输出电流 I_{omax} 在最大负载电阻 R_{Lmax} 和导线电阻 r 上压降之差。即

$$V_T \leqslant E_{min} - I_{omax}(R_{Lmax} + r) \tag{6-12}$$

3）变送器最小有效功率 P 必须满足：

$$P < I_{omin}(E_{min} - I_{omin}R_{Lmax}) \tag{6-13}$$

目前，随着微处理器及数字通信技术不断发展，压力变送器的发展越来越趋向于智能化、多功能化，随之发展而来的智能压力变送器是具有自动补偿温度、线性、静压等功能，又具有通信、自诊断功能的压力变送器。它可利用二线制传递直流信号（4mA ~20mA）和供电电源，也可与现场通信器进行数字通信。智能压力变送器可配备集成传感器（扩散硅传感器、硅电容压力传感器等），经过数字通信技术实现零点迁移、量程调整、温度补偿和非线性校正等功能。在控制室可用便携式现场通信器与任何一个变送器建立联系。现场通信器是带有小型键盘和显示器的便携式装置，不需铺设专用导线，借助于两根导线叠加脉冲传递指令和数据，调整

和设定完毕可将现场通信器拔下，变送器即按新运行参数工作。

5. 计量特性要求

压力变送器准确度等级分为0.05级、0.075级、0.1级、0.2级（0.25级）、0.5级、1.0级和1.5级。其准确度等级与允许误差和回程误差的关系见表6-2。其中，允许误差和回程误差是以输出量程的百分数（%FS）来表示的。

表6-2 压力变送器准确度等级与允许误差和回程误差的关系

准确度等级	最大允许误差（%）	回程误差（%FS）	
		首次检定	后续检定和使用中检查
0.05级	±0.05	≤0.04	≤0.05
0.075级	±0.075	≤0.06	≤0.075
0.1级	±0.1	≤0.08	≤0.1
0.2级（0.25级）	±0.2（±0.25）	≤0.16（≤0.20）	≤0.2（≤0.25）
0.5级	±0.5	≤0.4	≤0.5
1.0级	±1.0	≤0.8	≤1.0
1.5级	±1.5	≤1.2	≤1.5

6.3 电测式压力仪表的计量方法

1. 电测式压力仪表计量的影响因素

（1）测量特性的影响　由前文所述，电测式压力仪表的测量根据其测量特性不同可分为静态特性测量和动态特性测量，因此输入量有两种形态：一种是输入量为常量或随时间缓慢变化的量，称为静态输入量；另一种输入量随时间变化，称为动态输入量。压力传感器的静态特性仅仅与传感器自身性能有关，而动态特性取决于传感器的自身性能和输入信号的变化形式。因此，在计量之前，需要明确计量对象的特性，从而保证测量系统提供正确的输入方式和流动介质下正确的测压探头安装位置及方向。

目前压阻式、电容式、磁感应和硅谐振式压力传感器常应用于静态领域测量，计量时常采用静态输入。静态校准的条件是系统处于标准大气压下，温度为20℃±5℃（室温下），相对湿度不大于85%，无振动、无冲击、无加速度。压电式压力传感器常用于动态领域测量，计量时会同时采用静态输入和动态输入两种方式。

（2）测量方式的影响　电测式压力仪表有三种测量方式：绝压、表压和差压。绝压是待测压力相对于绝对真空的压力值；表压是待测压力相对于大气环境的压力值；差压是相对于另一被测压力的压力值。还有些厂家存在密封表压的量程，如德鲁克，其代表待测压力相对于固定压力 100kPa 的压力值。因此，在计量时根据测量方式的不同，需选择不同类型的压力控制系统。对于表压传感器需要考虑测量条件下的标准大气压的变化。

（3）测量介质的影响　电测式压力仪表的测量介质根据状态一般分为气体和液体两种，还可分为非腐蚀性介质和腐蚀性介质。对于腐蚀性介质的电测式压力仪表在计量前需进行必要的隔离和清洗，避免测试过程中对计量人员造成伤害和计量的仪器污染。

（4）安装高度的影响　对于液压式的电测式压力仪表，务必注意标准计量仪器压力测试端与被检仪器压力测试端是否为同一平面，若不在同一平面，需根据相应的高度进行校正。对于高准确度等级的压力传感器，更需注意检定时安装角度和安装方向与检定规程要求的方式或生产厂商推荐的方式保持一致。

（5）准确度等级的影响　电测式压力仪表检定时，所使用的标准仪器准确度等级一般要比被检仪器高一个等级。因此，在检定高准确度等级的电测式压力仪表时务必确认检定系统是否能够满足准确度等级的需求。

（6）温度的影响　电测式压力仪表的计量和使用过程中都存在着温度影响，这种影响有两种：一种是温度对零点和满点的影响；另一种是温度对传感器输出的影响。因此，在检定电测式压力仪表时务必确认环境温度与其工作温度是否相符。

2. 电测式压力仪表的计量方法

（1）标准器的选择　压力传感器和压力变送器检定时，需根据检定规程要求确定合适的计量标准器具。由于所选取的计量标准器具由提供标准压力信号的压力标准和输出信号的测量标准两部分组成，而且两者是不同性质的量值。因此，在检定时标准器具的选择原则除压力标准、信号测量标准需覆盖被测仪表输入和输出量程以外，还以两者引入的扩展不确定度大小来衡量。

压力传感器检定时，压力标准和信号测量标准组成的检定标准装置引入的扩展不确定度，对于准确度等级 0.1 级以下的压力传感器，应不超过其基本误差限绝对值的 1/4；对于准确度等级 0.1 级和 0.05 级的压力传感器，应不超过基本误差限绝对值的 1/3；对于准确度等级 0.05 级以上的压力传感器，应不超过基本误差限绝对值的 1/2。

压力变送器检定时，压力标准和信号测量标准组成的检定标准装置引入的扩展不确定度，对于准确度等级 0.05 级以下的压力变送器，应不超过最大允许误差绝对值的 1/4；对于准确度等级 0.05 级的压力变送器，应不超过最大允许误差绝对值的 1/3。

需要注意的是，此处标准装置引入的扩展不确定度不等同于测量结果的扩展不确定度，因为它只包含了输入和输出的测量标准所引入的不确定度分量，而不考虑在检定过程其他因素（如环境变化、存在高度差）等引入的不确定度分量。

（2）检定前的准备　为充分达到热平衡，压力传感器和压力变送器必须在规定环境条件下静置2h以上；选择适宜的传压介质，气体介质可采用清洁、干燥的空气，液体介质一般考虑制造厂推荐的或送检者指定的液体；安装时造压设备和导管连接处应保证密封，使其处于正常工作位置和状态；压力传感器和压力变送器的取压口应尽量与压力输入标准取压口保持在同一水平面上，若存在高度差引起相应的附加误差，不超过被检仪表输入压力最大允许误差的1/10，则可忽略，否则应对测量结果进行修正；安装完成后，应按要求通电预热和进行预压操作。

压力变送器的输出负载按制造厂规定选取，如规定值为两个以上的电阻值，则对直流电流输出的压力变送器应取最大值，对直流电压输出的压力变送器应取最小值；输入量程可调的压力变送器，检定前用改变输入压力的办法进行下限值和上限值调整，使其与理论值一致。一般可通过调整“零点”和“满量程”来完成。具备数字信号传输（现场总线）功能的压力变送器，可以分别调整输入和输出部分的“零点”及“满量程”，同时将其阻尼值调至最小。

（3）检定项目和方法

1）外观检查。采用目测方法，检查被检仪表标识应清晰完整，具有测量范围、准确度等级、电源形式、信号输出形式和出厂编号等信息；差压型高、低压容室应有明显标记（如“H”和“L”）；电源输入端、信号输出端以及接线端子上应有明确的区分标志等。

2）密封性检查。平稳地升压（或疏空），使测量室压力达到测量上限值（或当地大气压力90%的疏空度），关闭压力源，耐压15min，在最后5min内通过观察压力测量仪表示值的变化量来确定，压力变送器也可通过观察输出信号的等效值来确定压力值的变化量。压力值下降（或上升）：压力传感器应不超过测量上限值的1%，压力变送器应不超过测量上限值的2%。

差压传感器或差压变送器在进行密封性检查时，高压容室和低压容室连通，并同时施加额定工作压力进行观察。

3）差压变送器静压影响的检定。压力变送器静压影响只适用于差压变送器，并以输出下限值的变化量来衡量。将密封性检查后的差压变送器高、低压容室分别从大气压力缓慢加压至额定工作压力，保持1min，测量静压下的下限输出值；然后释放至大气压力，1min后测量大气压力状态下的下限输出值。额定工作压力下的下限（零点）输出值和大气压状态下的下限（零点）输出值之间差值的绝对值，与满量程输出值的比值记为静压影响引起的下限（零点）输出值变化量，应满足检定规程的相关要求。

4）压力传感器零位漂移检定。除绝压传感器外，在规定的环境条件下，记录压力传感器零点初始输出值，每隔15min记录一次零点输出值直至1h。各零点输出值中，和零点初始输出值差值绝对值的最大值与满量程输出值的比值记为零点漂移，应不超过基本误差限绝对值的1/2。

5）示值检定。检定点的选择应按量程基本均匀分布，一般应包括上限值、下限值在内。0.1级及以下的压力传感器不少于6个点（含零点），0.05级及以上的压力传感器不少于9个点（含零点）；0.1级以下的压力变送器不少于5个点（含零点），0.1级及以上的压力变送器应不少于9个点（含零点）。负压变送器可以检定到当地大气压力的90%以上；绝压变送器的零点应尽可能小，一般不大于量程的1%。

检定时，从测量下限（或选取的检定下限点）开始，逐点平稳地升压至测量上限，依次记录各检定点正行程输出值，然后输入压力在测量上限处产生一明显的波动，待压力稳定后记录在测量上限处的反行程输出值，再逐点平稳地降压至测量下限，记录各检定点反行程输出值，此为一个循环。压力传感器应至少进行3个循环的检定；0.1级及以下的压力变送器进行1个循环检定；0.1级以上的压力变送器应进行2个循环的检定；强制检定的压力变送器应至少进行3个循环的检定。

在检定过程中不允许进行零点和量程的调整，不允许轻敲和振动被检仪表，在接近检定点时，输入压力信号应足够慢，避免过冲现象。

对于输出信号与供电电源相关的压力传感器，由于输出信号值受供电电源影响较大，在选择供电电源时，供电电源除了满足规定要求外，还应将供电电压（或电流）精确调整到传感器生产厂家规定的供电电压（或电流）值。在检定工作开展前及结束后，应分别检查供电电源是否符合要求，并记录电源输出值，如果超过传感器对电源的要求，则应重新调整电源达到要求后，重新进行检定。

根据示值检定结果，压力传感器进行工作直线、技术指标和灵敏度周期稳定性的计算，压力变送器进行示值误差、回程误差的计算，均应不超过检定规程相关要求。

6）绝缘电阻和绝缘强度的检定。压力传感器绝缘电阻检定是在环境温度为15℃~35℃、相对湿度为45%~75%时，在被检传感器不施加激励电源的条件下，用输出电压为直流100V的绝缘电阻表，将电源端子和输出端子分别短接，用绝缘电阻表分别测量电源端子与接地端子（外壳）、电源端子与输出端子、输出端子与接地端了（外壳）之间的绝缘电阻。测量时，应稳定 10s 后读数。

压力变送器绝缘电阻检定时断开变送器电源，将电源端子和输出端子分别短接。用绝缘电阻表分别测量电源端子与接地端子（外壳）、电源端子与输出端子、输出端子与接地端子（外壳）之间的绝缘电阻。除制造厂另有规定外，一般采用公称试验电压为 DC500V 的兆欧表历时 30s。

压力变送器绝缘强度检定时，断开变送器电源，将电源端子和输出端子分别短接。用耐电测试仪分别测量电源端子与接地端子（外壳）、电源端子与输出端子、输出端子与接地端子（外壳）之间的绝缘强度。测量时，试验电压应从零开始增加，在 5s ~ 10s 内平滑均匀地升至规定的试验电压值（误差不大于 10%），保持 1min，然后平滑地降低电压至零，并切断试验电源。

3. 电测式压力仪表的安装、使用和维护

（1）安装方式　压力仪表的安装密封方式一般使用 O 形圈、复合垫片、管螺纹和金属锥面密封等，针对不同的量程和介质，需注意选择适合的密封方式。一般 O 形圈和管螺纹应用于较小压力的密封。复合垫片和金属锥面密封试用于较大压力的密封。

如图 6-29 所示，电测式压力仪表选择密封面时应注意，对于螺纹的密封，建议密封面选择在压力螺纹接头的端面而非螺纹根部。因为有些电测式压力仪表（如测量较小压力的压力传感器）在组装过程中，压力芯体和螺纹接头是焊接为一体的，螺纹接头根部与压力芯体比较接近，当拧紧密封时，受扭矩作用下的微小形变会给压力传感器输出造成一定的输出偏移，所以应将密封面放置在螺纹接头的端部。此外，若厂家提供密封扭矩的参考，当施加扭矩在要求范围内时，则两个密封面都是可以选择的。

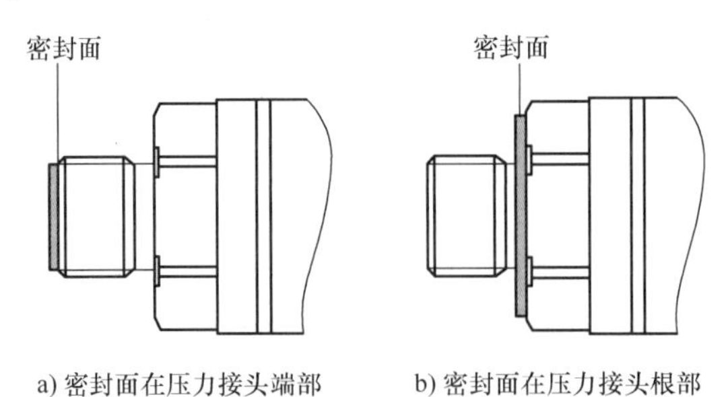

a) 密封面在压力接头端部　　b) 密封面在压力接头根部

图 6-29　螺纹接头不同位置的密封面

现场安装时压力接口处的安装方向尽量与厂商生产时测试方向保持一致。因为一些高精度的油膜隔离压力传感器，油膜内油体因安装方向不同造成自身重力原因对芯体的压力也不同，从而引入额外的误差项。

（2）压力传感器误差的表达方式 在使用过程中，计算误差限时应先考虑查阅产品说明书。通常压力传感器有三种精度标识方法：满量程精度（%FS、%Full Scale）、读数精度（%RDG、%Reading）和跨度精度（%Span）。满量程精度是以误差值占仪器仪表满量程的百分比来计算产品的基本误差；读数精度是以误差值占当前读数的百分比来计算的基本误差；跨度精度是仪表误差值占压力区间跨度的百分比来计算的基本误差。通常以跨度精度（%Span）表示的技术指标要比以满量程精度（%FS）表示的指标要小。

例如，假设有一个量程范围为40kPa～100kPa的绝压传感器，其在50kPa压力处的几种基本误差限计算方式分别为：

1）以满量程精度（±1% FS）计算：±1%×100kPa=±1kPa。

2）以读数精度（±1% RDG）计算：±1%×50kPa=±0.5kPa。

3）以跨度精度（±1% Span）计算：±1%×（100－40）kPa=±0.6kPa。

可见，不同的精度标识对误差限的表达和计算方式是不同的，使用时应避免因为计算方式不同造成使用的误差限改变。此外，还有一些压力传感器精度标识带有BSL或者TSL后缀，如0.1%FS BSL或者0.06%FS TSL。其中，BSL是英文词组Best－Straight－Line的缩写，指的是最佳直线，这种压力传感器使用中需要按照JJG 860—2015《压力传感器（静态）检定规程》内的最小二乘直线的方法去拟合其工作直线；TSL是英文词组Terminal－Straight－Line的缩写，指的是端基直线，这种压力传感器使用中需按照JJG 860—2015中端点平移直线去拟合其工作直线。

有时为了计算压力传感器使用时最坏的情况，通常将所有相关的因素都叠加起来，即总误差为非线性、量程和零点设定、温度影响、稳定性、校准的不确定度、环境因素等的总和，应注意此处为矢量和。

（3）安装使用环境 若没有特殊标识，电测式压力仪表的安装基体应尽量与有振动的本体分离，避免传感元件振动；尽量远离强电磁干扰的环境，若无法避免，应使用屏蔽线缆通信并减小线缆长度，将线缆屏蔽层与传感元件外壳共地连接；同时电测式压力仪表属于精密器件，通常内部包含有MEMS（微机电系统）、滤波、放大、非线性补偿和温度补偿组件，安装时尽量不要猛烈撞击和从高处摔落。

（4）压力测试与维护 压力测试时，应避免系统压力冲击对传感元件的影响，尤其是液压系统，系统的瞬间冲击压力有时很可能造成传感元件的最大过压，从而导致传感元件过压损坏。因此，在有压力冲击的系统，建议选择带有压力缓冲的压力接头。类似于德鲁克的Y形接头、阻尼孔压力接头等，可以保护芯体减少影响，保持仪器精度和延长使用寿命。

6.4 电测式压力仪表的应用案例

作为基本的测试元件，电测试压力仪表广泛应用于各个行业，涵盖了汽车、发动机测试、轨道交通、暖通空调、气象监测、液位遥测、半导体、油气与航空测试等各个行业。

1. 在空调压缩机测试上的应用

空调空气压缩机的测试主要目的是测试压缩机磨合、充气、保压、窜油、松压阀等功能。如图6-30所示，使用电测试压力仪表主要检测其吸气压力、排气压力、回油压力、压缩机出油压力、喷液出口压力、制冷剂进口压力和制冷剂出口压力等。检测的压力大小为绝压0MPa～6MPa或表压不等。测试环境通常为-20℃～80℃，使用的仪器精度通常为0.2%FS。通常选用硅压阻型充油芯体压力传感器，其优点在于耐介质能力强，并且有优异的全温区精度和长期稳定性。

图6-30　压力传感器的现场安装

2. 在汽车行业燃油发动机测试上的应用

燃油发动机是汽车的动力来源，每一款高性能的燃油发动机的问世都离不开实验室严格的试验测试和性能验证，如图6-31和图6-32所示。

图6-31　汽车测试用电测试压力仪表

图6-32　汽车测试台架

电测试压力仪表常常用于发动机测试过程中的压力检测，主要检测位置和参数见表6-3。

表 6-3　汽车发动机压力检测主要位置和参数

压力测量位置	使用压力范围	精度要求
进气系统	-10kPa ~ 10kPa	±（0.1%FS ~ 0.25%FS）
进气涡轮增压后	-100kPa ~ 250kPa	±（0.1%FS ~ 0.25%FS）
排气系统	0kPa ~ 100kPa	±（0.1%FS ~ 0.25%FS）
润滑油压力	0MPa ~ 1MPa	±（0.2%FS ~ 0.5%FS）
冷却水系统进口	0kPa ~ 100kPa	±（0.1%FS ~ 0.5%FS）
冷却水系统出口	0kPa ~ 250kPa	±（0.1%FS ~ 0.5%FS）

3. 在轨道交通上的应用

电测试压力仪表广泛应用于高铁的制动系统、空气压缩机和铁路受电弓的液压系统。以制动系统为例，如图 6-33 所示，轨道交通车辆制动系统采用压缩空气为动力为各个车轴施加制动力，同时通过控制压缩系统空气压力来控制制动压力。压力传感器就是用来测量各个控制节点的空气压力，实现对测量制动系统压力的远程控制。

轨道交通尤其是高铁机车对制动系统要求非常高，通常要求压力传感器具有较高的精度和长期稳定性，能承受频繁的温湿交变和 12 年的无故障使用寿命，由于压力系统会频繁存在压力冲击，因此压力传感器还需要具有较好的抗压力冲击能力。主要参数包括：压力范围，0MPa ~ 1MPa；使用温度范围，-40℃ ~ 85℃；精度要求，±0.1%FS；长期稳定性，±0.1%FS/年。

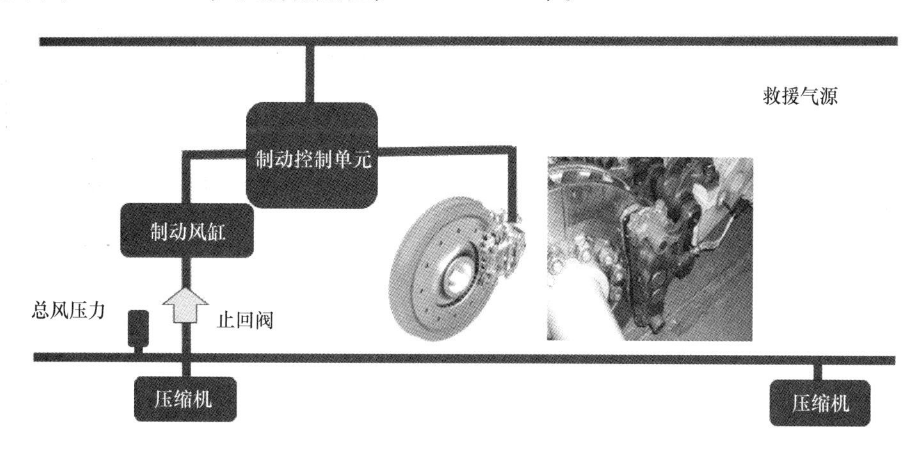

图 6-33　铁路机车制动系统

4. 在液位测试上的应用

电测试压力仪表常用于液位遥测系统，由于液体介质的密度波动比较小，测得的压力值根据液压公式 $p=\rho gh$ 即可直接转换为液位深度。如图 6-34 和图 6-35 所示，根据这一原理制成的投入式水位计广泛应用于深井、水库和水罐液位检测，以及河流湖泊的液位遥测，为江河湖泊的旱涝信息提供大数据支持。

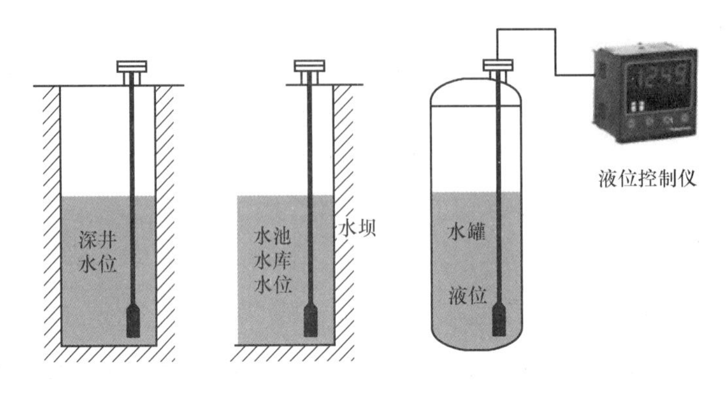

图 6-34　深井、水库和水罐液位检测上的应用图例

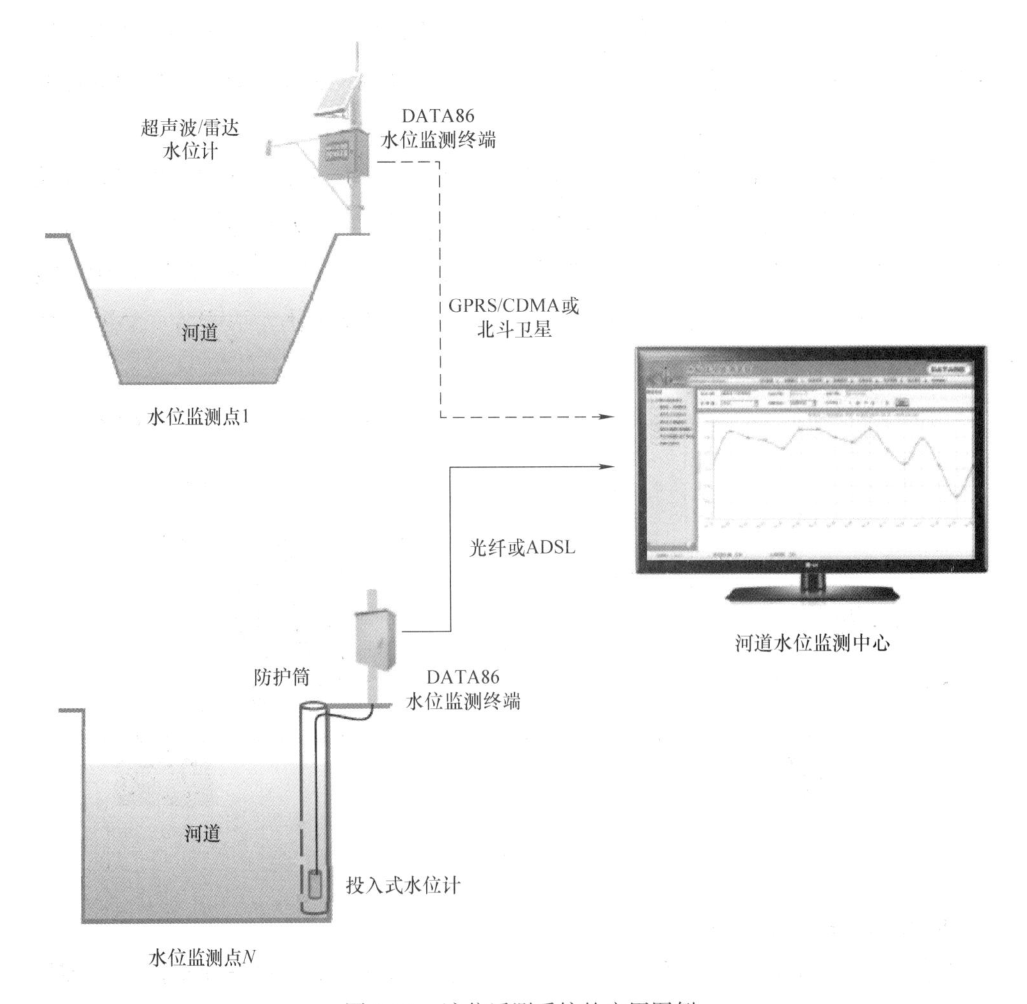

图 6-35　液位遥测系统的应用图例

众所周知，地下水资源较地表水资源复杂，地下水本身质和量的变化以及引起地下水变化的环境条件和地下水的运移规律不能直接观察。同时，地下水的污染以及地下水超采引起的地面沉降是缓变型的，一旦积累到一定程度，就成为不可逆的破坏。因此准确开发保护地下水就必须依靠长期的地下水监测，及时掌握动态变化情况。如图6-36所示，投入式压力传感器在地下水水位的监测中发挥着十分重要的作用。

图6-36 在地下水水位检测中的应用图例

除此之外，电测试压力仪表还应用于航空压力测试、半导体高纯气体压力检测、大气压力测量、泄漏测试系统压力检测、压力控制系统压力检测等场合，因此在许多行业中的应用都极其广泛。

第7章　数字压力计

7

随着科学技术的发展，工业自动化程度不断提高，压力仪表广泛运用于各种环境和测试系统中，对压力仪表的性能和功能提出了更高要求。各种压力计量仪表中，活塞压力计稳定性较好，准确度很高，但不能进行连续性测量，不适宜作为工程测试而只能作为实验室的标准器具；液体压力计虽然使用方便，准确度和灵敏度较高，但测量范围较小，受环境因素影响较大；弹性元件式压力仪表一般准确度相对较低，并不满足实际测量需求；压力传感器、压力变送器能够提供转换传输信号，准确度相对较高，但并不能直接显示压力值，测试使用并不直观和方便，因此在工程测试和精密测量方面，以上压力仪表都存在明显的缺陷。于是，随着数字化测量技术、大规模集成电路技术、半导体技术以及单片机技术的发展，一种以压力传感技术为基础，利用压力感应转换元件，将压力信号变换并最终以数字形式显示被测压力值的数字压力计逐渐得到广泛应用。作为在线测量仪表，数字压力计克服了其他压力仪表的不同缺点，并且普遍具有读数直观、适用范围广、准确度较高、低功耗和防腐蚀振动等诸多优点。

国外的数字压力计出现在20世纪70年代，国内始于20世纪80年代。早期的数字压力计只是将压力测量结果用数字显示出来，为了克服传感器的零点、非线性、温漂等，加入了机械式的调零电路、非线性修正电路和温度补偿电路，这些附加的硬件电子电路其复杂程度往往超过了主电路本身，然而通常仍不能取得好的效果。随着单片微机技术的发展和应用，数字压力计的准确度产生了质的变化，目前数字压力计的准确度等级可以达到0.02%或者更高的水平。同时在此基础上不断发展，功能愈加丰富，多功能型数字压力计不仅可以测量压力，还具有测量电流电压直流电信号、提供开关信号测试等功能；压力发生器能够自动控制并输出目标压力值；出现了如无创血压测量仪、数字大气压力计等具有特殊用途的数字压力计等，从而使得数字压力计更加具有实用性。

7.1　数字压力计的工作原理与结构

数字压力计是采用数字显示被测压力量值的压力计，可用于测量表压、绝压和差压。数字压力计由压力传感器、信号处理单元以及显示器组成。其基本工作原理如图 7-1 所示，被测压力经传压介质作用于压力传感器上，压力传感器输出相应的电信号，或通过高精密的运算放大器将其信号放大，由模/数（A/D）转换器连续采样并转换成数字信号。同时，模数转换器还要采集温度传感器的温度信号，经模数转换后同时送单片机进行数据计算、线性拟合、温度补偿等处理，最终由信号处理单元处理后在显示器上（不局限于仪表本身，也可为配有专用软件的计算机）显示出被测压力的量值。

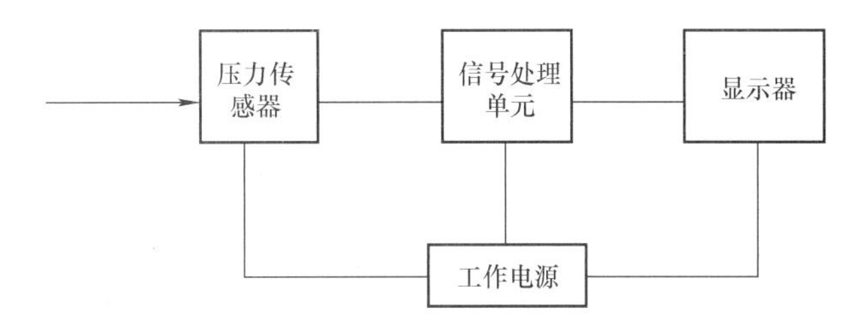

图 7-1　数字压力计的基本工作原理

与其他类型压力仪表相比，数字压力计具备以下特点：

（1）测量速度快　数字压力计的测量速度可由每秒数次到数万次，一般的数字压力计均可达到十次每秒到几十次每秒。

（2）测量范围广　数字压力计测量范围广泛，表压中微压测量可到 5kPa 左右，超高压测量最高可达到 500MPa；负压测量下限可达 -99kPa、绝压测量下限可达 1kPa 附近；差压测量范围一般为 -100kPa ~ 100kPa 等。

（3）准确度等级高　数字压力计准确度等级最高可达到 0.01%，常见数字压力计准确度等级主要是 0.05%、0.1% 和 0.2% 和 0.5% 等。

（4）使用范围广　数字压力计广泛应用于电力、石油、化工、制药、计量、冶金、交通、机械、制造等行业，可应用于严酷的现场环境，也可应用在实验室环境。

（5）功能强大　多功能型数字压力计除了具有最基本的压力测量功能外，还具备其他参数（如电压、电流、频率、开关测试等）的测量功能；同时，根据使用要求集成了诸如数据存储、无线通信、压力发生及控制等功能。

7.2 数字压力计的分类与计量特性

数字压力计用途广泛，形式多样，按结构可分为整体型数字压力计和分离型数字压力计；按功能可分为单功能型数字压力计和多功能型数字压力计；按照被测压力的不同，可以分为表压型、绝压型、差压型数字压力计；根据用途的不同还可分为数字压力表（计）、压力校验仪、自动标准压力发生器、数字式电子血压计（无创血压测量仪）、数字式大气压力计等。

7.2.1 整体型数字压力计和分离型数字压力计

整体型数字压力计是压力传感器和数字显示仪组成一体的数字压力计。分离型数字压力计是压力传感器和数字显示仪相互独立、通过电缆或无线、蓝牙等方式连接起来的数字压力计。

整体型数字压力计的压力传感器与数显仪表为一个整体，一般由压力传感器、温度传感器、电源、运算放大器、模数转换器和显示器组成。这种数字压力计的结构比较紧凑，便于携带。另外有一些整体型数字压力计还带有压力真空手泵，可同时实现压力或真空的输出与测量，在进行现场检定时就不必另外携带压力或真空源，这样的数字压力计也常被称为数字压力校验仪。由于数字压力计的允许误差绝对值等于其准确度等级百分数与其量程的乘积，所以在检定不同量程被检仪表的时候往往需要选用多台整体型数字压力计才能满足要求。

分离型数字压力计一般由压力模块和主机两大部分组成，压力模块和主机分为两部分，两者通过专用电缆或采用无线连接的方式组合起来。压力模块内有压力传感器、单片机、A/D 转换器、温度传感器等；主机部分包括电源、单片机、运算放大器、A/D 转换器和显示器等；主机与压力模块之间采用数字通信，因此压力测量的准确度主要与压力模块有关。分离型数字压力计的主机可以根据需要配接不同的压力模块，以满足不同量程被检仪表的检定需要。

7.2.2 单功能型数字压力计和多功能型数字压力计

单功能型数字压力计由于只具有测量压力的功能，功能单一，通常作为显示直观的压力测量仪表使用；而多功能型数字压力计除具有测量压力的功能外，还具有测量其他参数（如电压、电流、频率、开关测试等）的功能，在压力计内部集成了压力采集转换电路、非线性修正电路、温度补偿电路、电信号测试电路等，通常也可与手动或电动正、负压造压泵组合起来成为理想的现场校验测试压力仪表。作为校验测试标准仪表的数字压力计，一般除提供标准压力值以外均具有温度测量与补偿、DC24V输出、零点和线性进行连续修正、自带线性校准、超限和故障蜂鸣报警，以及能够实现压力单位Pa与其他压力单位如mmHg、bar、mmH_2O、psi、kgf/cm^2等自由切换的功能，以满足不同的测试需求。

7.2.3　压力仪表自动检定装置

多功能型的数字压力计多与压力发生装置、压力控制装置、个人计算机、控制软件一起构成计算机控制系统，即可作为压力仪表自动检定装置。压力仪表自动检定装置可实现全自动测量检定多种类型的压力变送器、压力开关、指示类压力表等压力仪表。压力仪表传统的计量测试方法尤其是指示类压力表的检定和测试由于数量多、存在重复操作现象、标准仪器需求最全等问题，检测效率一直不高，提高压力仪表调试和检定效率、降低设备和人员等资源需求具有重要的现实意义。而随着数字压力计的出现以及图像采集技术和计算机技术的发展，使得实现压力仪表自动检定成为可能。单从技术角度而言，4C［计算机、通信、自动化和CRT（阴极射线管）］技术已经在仪表和控制系统中得到充分的应用，无论工业检测仪表还是精密仪表计量测试，随着现代科技的发展和应用都在不同程度上实现了智能化和网络化，这为压力仪表的全自动检定和测试奠定了基础。

近年来国内外厂商相继开发出一些压力仪表自动检定装置，用于对压力变送器、压力传感器、弹性元件压力表、液体压力计等压力仪表的检定。这些自动检定装置大多由关键硬件设备、工控机（个人计算机）和相应的系统软件以及打印机等配套设备组成。系统的硬件设备一般包括不同量程的数字压力计标准器具、造压设备如电动气、液压力（真空）源、压力自动调节系统、数据采集控制器等，为适应全自动过程控制的要求，系统硬件设备一般具备网络通信接口及相应的通信功能。

压力仪表自动检定装置在工作时，检定点是确定的理论量程分割值。由专用信号电缆线将工控机与数字压力计相连，首先由电动压力（真空）源进行加压或疏空，并将压力或疏空值稳定在所设定的检定点上对压力仪表进行定点检定；为了实现过程自动化，压力自动调节系统须具备一定的控制精度，使得可以按照预置值完成自动控压功能；检定结果以一定的方式传输到工控机上。压力变送器、压力传感器以输出电信号为测量结果，经过转换后可直接传输；而弹性元件压力表和液体压力计则可通过自动摄像读数采集数据处理系统将示值图像自动采集识别并存储传输，同时以机械敲击实现弹性元件压力表轻敲位移的检定；工控机对采集到的测量数据自动进行误差计算、数据修约，并判断检定结果是否合格，由于压力仪表检定是一个相对缓慢和静态的过程，对工控机的扫描和采用速度要求较低，一般可由个人计算机代替；当所有检定工作完成后由工控机自动生成存储检定原始记录和检定证书（或检定结果通知书），并由打印机自动完成打印工作。

以压力表自动检定装置为例，如图 7-2所示，压力表自动检定装置通过压力发生器自动将压力升至第一个压力待检点并稳定后，读取被检压力表的示值，并记录该数值；然后轻敲压力表外壳，记录下轻敲后被检压力表的示值。按此操作步骤依次进行每一个待检压力点的检定，达到测量上限时耐压 3min，然后进行反行程检定，直至回到零点。此时一个测试行程即一个循环完成。数据输入系统软件中，并生成原始记录。检定过程中如果出现超差现象软件会有提示，此时可以进行复检或者退出检定。

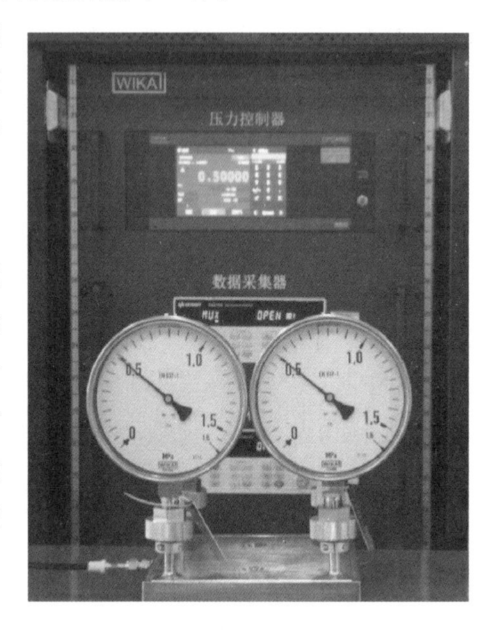

图 7-2　压力表自动检定装置示例

通过压力仪表自动检定装置可以批量完成由系统自动控制造压、数据采集、存储和处理以及自动生成检定结果等一系列重复操作，虽然检定过程和结果仍需要一定的规范、完善和验证，但一定程度上大大地减轻了仪表检定工作的劳动强度，是现代压力计量实现自动化操作的理想设备之一。

7.2.4　自动标准压力发生器

一些多功能型的数字压力计本身具有压力发生及控制装置，可实现压力的发生以及自动控制功能，这类数字压力计称为自动标准压力发生器。自动标准压力发生器相比压力仪表自动检定装置功能更强大，其本身具有压力发生及控制功能，并且支持任务功能，更适合现场使用，可以脱离计算机软件实现检定工作的自动完成，并可将数据传输至终端。

由于一般的数字压力计仅具备压力测量功能，作为压力测量的标准器具，还需要配套手动压力源，如气体压力控制器等，才能进行压力检定或校准。数字压力计工作框图如图 7-3 所示，通过手动控制进气及排气阀门的开与闭，调节进入数字压力计与被检表的压力大小，并从数字压力计中读取实际压力值。

当把上面由人控制的手动阀门替换为电磁阀或步进电动机驱动的针阀，并且由数字压力计直接提供控制反馈信号给控制单元，再由控制单元控制阀门实现压力的自动控制与调节，就组成了自动标准发生器，通常也称为数字压力控制器，可以作为压力校准的标准源。自动标准压力发生器工作框图如图 7-4 所示。

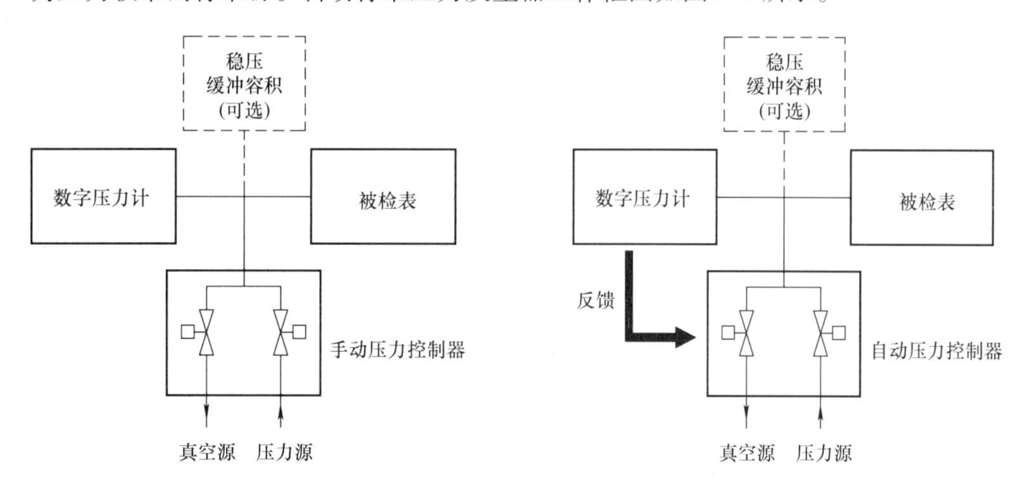

图 7-3　数字压力计工作框图　　图 7-4　自动标准压力发生器工作框图

1. 自动标准压力发生器的主要传感器类型

自动标准压力发生器实际上就是能自动控制并输出目标压力的数字压力计。自动标准压力发生器中与测量性能有关的核心部件是压力传感器，与控制性能相关的是阀门及控制技术。常见的作为压力计量传递标准的压力传感器的类型包括：

（1）石英波登管压力传感器　石英波登管压力传感器如图 7-5 所示，由熔融石英制成的螺旋形波登管，采用力平衡式设计，利用附着于波登管上的镜面反射光线来探测波登管的受压偏转，并通过调节电流大小驱动永磁体抑制波登管的偏转使得波登管始终处于力平衡状态，由此建立压力与电流的特征关系。石英波登管压力传感器的结构如图 7-6 所示。由于力平衡式设计使得传感器在测量压力时没有形变，进而提高了传感器的线性，并且石英也是已知几乎没有迟滞的材料，因此传感器的精度非常优异。

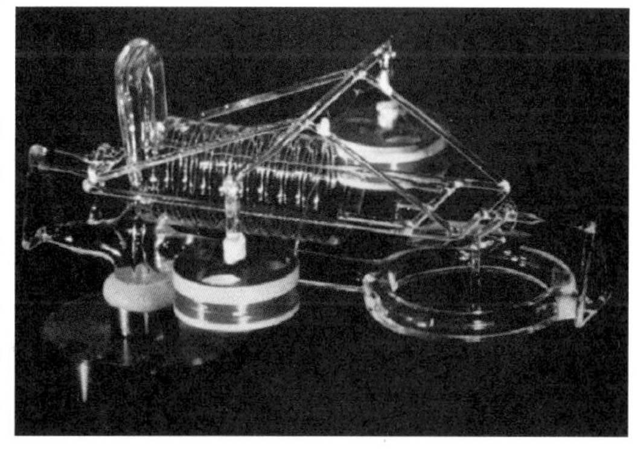

图 7-5　石英波登管压力传感器

(2) 石英谐振式压力传感器　图7-7a、b所示分别为测力与测温石英谐振元件，将其布置于波纹管或波登管上，如图7-8所示。当波纹管或波登管因为压力变化发生形变时，位于形变处的测力石英谐振元件的受力发生变化，从而建立了压力与谐振频率的特征关系，而测温石英谐振元件则用于对传感器进行温度补偿。得

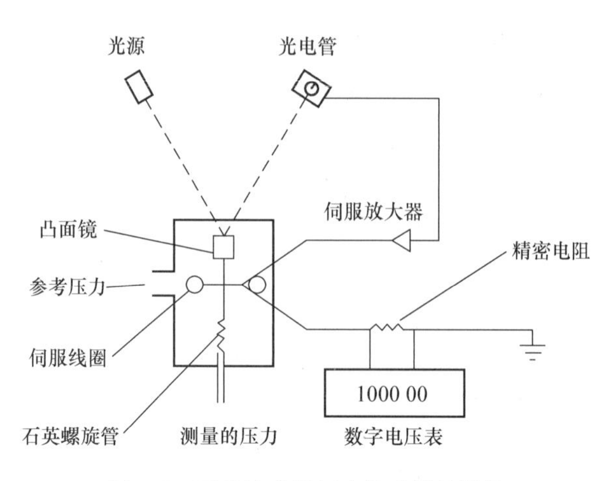

图7-6　石英波登管压力传感器的结构

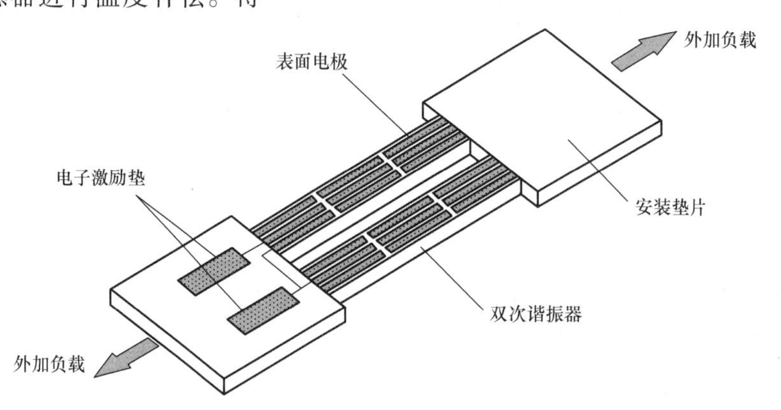

a) 测力石英谐振元件

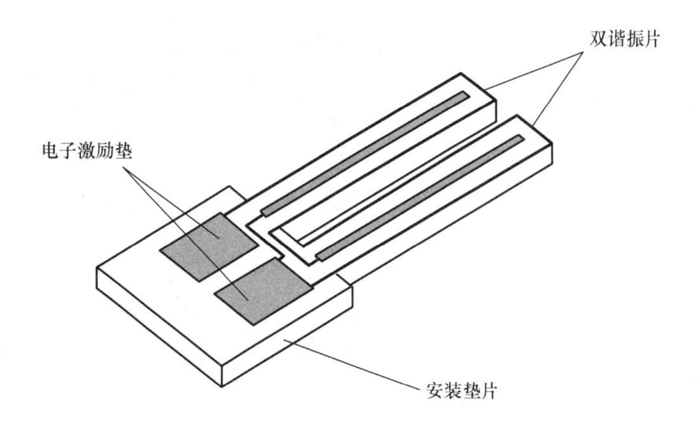

b) 测温石英谐振元件

图7-7　石英谐振式压力传感器元件

益于石英晶体优异的重复性、低迟滞，使得传感器通过特征化标定后能够获得非常好的精度性能，加上良好的稳定性，可保证传感器传递标准保持量值的准确与稳定。

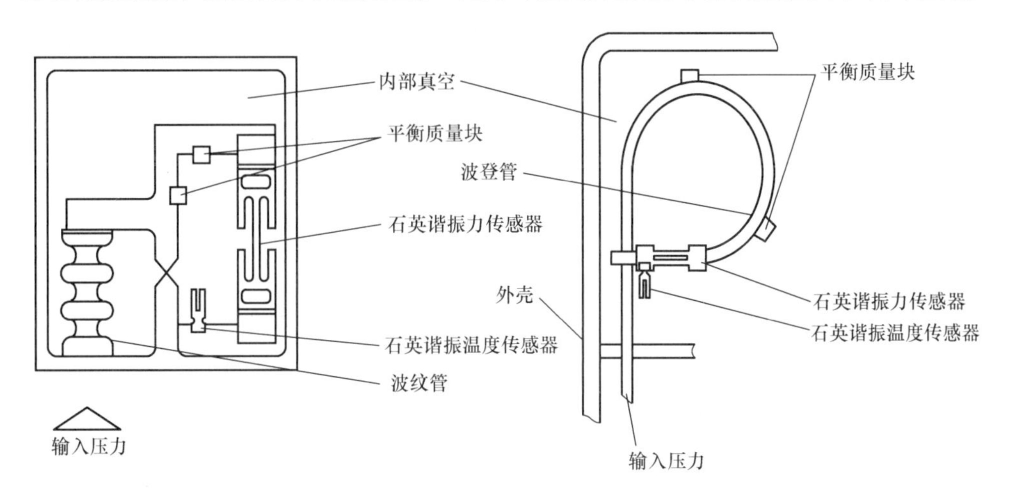

图7-8　石英谐振式压力传感器的工作原理

2. 自动标准压力发生器的阀门及控制技术

自动标准压力发生器的目标是实现快速、精密的压力控制与调节。对于气体压力控制器，常用的控压方法是通过控制进气、排气两路气路上的阀门的开闭，将高压气源的气体引入或排出密封腔体，实现压力控制。而液压控制器的控压方法，除了类似于前述气压控制器的方法，注入或排出液体，还有通过调节密封腔体内部分液体介质的温度以及通过精密调节气压推动活塞改变密封腔体内液体介质的体积实现压力控制。常用的阀门及控制技术包括：

（1）脉宽调制压力控制　图7-9所示为脉宽调制方法，使用该方法驱动电磁阀时，电磁阀以固定的频率开启与关闭，通过调整一个周期内开启的时间长度使得电磁阀能够精密地模拟传统针阀从全开到全闭之间的不同开度，并且实现高速响应达到所需阀门开度。在稳压过程中，进、排气阀门始终是在进行高频开闭动作的。

（2）伺服电动机驱动压力控制　图7-10所示为伺服电动机驱动的针阀，高压气体控制或高压液体控制通常使用高压针阀，利用伺服电动机可以精密地控制针阀的开度，在进气（液）端与排气（液）端各使用一个阀门，稳压时通过调整两个阀门的开度比例调节/维持稳定的流量，达到控压的目的。

（3）正截止式压力控制　上述两种驱动阀门的方式控制压力时，稳压时传压介质会有流动，而正截止式压力控制方法阀门在每次动作补偿压力变化后会完全截止，此时在下次阀门动作之前密封腔体是处于完全密封状态，类似于手动调节/控制压力的方式。

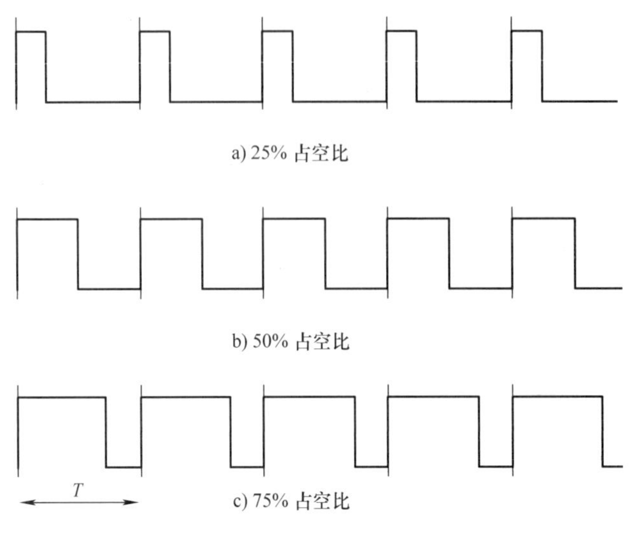

图 7-9　脉宽调制方法

7. 2. 5　无创自动测量血压计

血压是血液在血管中流动时作用于血管壁的压力，它是推动血液在血管中循环流动的动力。血压计是测量血压的仪器，又称血压仪。血压计的基本原理是利用空气加压压迫局部动脉，通过施加压力，阻止局部动脉的搏动，从而测量这一时期的血流压力。

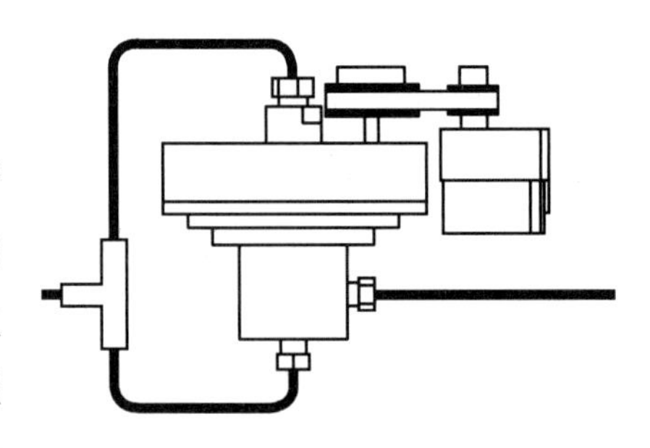

图 7-10　伺服电动机驱动的针阀

1. 血压计的主要分类

目前，市场上的血压计主要分为以下三类。

（1）传统的水银血压计　有台式和立式两种。台式水银血压计结构合理、牢固可靠；立式水银血压计可任意调节高度，因其结果可靠而最为常用。但后者体积稍大，不便携带，均有水银泄漏风险。其测量血压原理为听诊法，主要由气球、袖带和检压计三部分组。其中袖带的橡皮囊管分别与气球和检压计相连，三者形成一个密闭的管道系统。水银的化学名称为汞。20 世纪中期发生在日本水俣县的汞污染事件引起了世界对有毒有害物质——汞的重视。2013 年 10 月 10 日，由联合国环境规划署主办的“汞条约外交会议”在日本熊本市表决通过了旨在控制和减少全球汞排放的《关于汞的水俣公约》。包括中国在内的 87 个国家和地区的代表共同签署公约，标志着全球携手减少汞污染迈出第一步。2016 年 4 月，我国第十二届全国人民代表大会常务委员会第二十次会议批准《关于汞的水俣公约》。2020 年

10月14日，国家药监局综合司印发《国家药监局综合司关于履行〈关于汞的水俣公约〉有关事项的通知》（药监综械注〔2020〕95号），其中明确自2026年1月1日起，全面禁止生产含汞体温计和含汞血压计产品。由于水银血压计含有大量的汞，因此将逐渐退出历史舞台。本节也不再展开对水银血压计相关内容的描述。

（2）血压计　血压计是气压表式血压计，临床上又称为无液血压计、弹簧式血压计。它利用气压泵操作测压，体积小，携带方便，但随着应用次数的增多，会因弹簧性状改变而影响结果的准确性，所以需要定期与标准的水银柱式血压计进行校准，临床上已使用甚少。

（3）电子血压计　根据测量的部位，电子血压计又可细分为上臂式、手腕式、手指式、手动式、自动式等。其优点是操作简便，读数直观，只需打开开关就会自动进行测量，适合于家庭使用。但电子血压计同样存在着误差大的缺点，也需经常以标准水银柱式血压计为准加以校准。

2. 无创自动测量血压计的测量原理

目前，无创自动测量血压计包括无创血压（或多参数）监护仪、动态血压监护仪以及电子血压计在内，采用听诊法和示波法两种测量原理制成，是专门用于自动测量血压的一类特殊形式的数字压力计。

听诊法又叫柯氏音法，分为人工柯氏音法和电子柯氏音法。人工柯氏音法也就是通常所见到的医生、护士用压力表与听诊器进行测量血压的方法；电子柯氏音法则是用电子技术代替医生、护士的柯氏音测量方法。其原理为缠缚于上臂的袖带，其压力作用于肱动脉。调节袖带气体改变压力，用听诊器听搏动的声音，从而得到收缩压和舒张压。

示波法也叫振荡法，是20世纪90年代发展起来的一种比较先进的电子测量方法，主要由气体压力传感器、加压微型气泵、电子控制排气阀、相关软件、机械慢速排气阀和螺线管快速排气阀等组成，其原理是通过自动调节缠缚于上臂的袖带的充气量，改变压力，血流通过血管具有一定的振荡波，由压力传感器接收，逐渐放气，根据振荡波的变化，压力传感器所检测的压力及波动也随之变化。当袖带内气体的静压大于人体收缩压时，动脉被压闭，此时因近端脉搏的冲击而呈现细小的振荡波；当袖带内气体的静压小于人体收缩压时，则振荡波的波幅开始增大；当袖带内气体的静压等于人体平均动脉压时，动脉管壁处于去负荷状态，振荡波的波幅达到最大值；当袖带内气体的静压小于人体平均动脉压时，振荡波的波幅开始逐渐减小；当袖带内气体的静压小于人体舒张压以后，人体动脉管腔在舒张期已充分扩张，管壁刚性增加，因而振荡波的波幅维持较小的水平。这类血压测量仪在袖带放气过程中连续记录的振荡波波形呈现近似抛物线的轨迹，通过找出振荡波轨迹与人体血压之间的关系即可确定人体的收缩压与舒张压。通常选择波动最大的时刻为参考点，以这点为基础，向前寻找某一个值的波动点为收缩压，向后寻找某一个值的波动点为舒张压，该值不同厂家设定也不同。

听诊法和示波法在测量血压时都需要用气袖阻断动脉血流，所不同的是在放气过程中柯氏音血压测量仪检测柯氏音的出现与消失，而示波法血压测量仪则检测袖带内气体的静压与振荡波。目前采用听诊法的血压测量仪仍在临床广泛使用，但是它们也存在固有的缺点：一是确定舒张压比较困难，长期以来一直存在着以“声音消失”，还是以“声音变钝”为判定标准的争论；二是要凭借人的视觉和听觉来进行测量，会带来较大的人员误差，难以标准化。因此，由于柯氏音法血压测量仪存在误差大、重复性差、易受噪声干扰等缺点，使得近年来示波法血压测量仪逐渐受到了重视，应用广泛，并由此与其他测量技术融合逐渐发展出具有测量心电信号、心率、血氧饱和度、呼吸频率和体温等重要人体参数的多参数测量仪或监护仪，实现对各参数的信息存储、传输和监视报警。

7.3 数字压力计的计量方法

1. 数字压力计的主要技术指标

数字压力计不仅具备压力测量功能，有的如自动标准压力发生器除了具备压力测量功能及其技术指标以外，还具备压力控制功能。

压力测量功能的主要技术指标包括：

（1）测量精密度　在压力计量测量领域，将数字压力计的测量精密度定义为重复性、迟滞、线性及温度补偿的合成。示值重复性为数字压力计在短时间件内以相同方式多次测量同一压力点的输出结果之间的偏差。迟滞，又称回程误差，为数字压力计在升压及降压两个方向达到同一压力点的输出结果之间的偏差。线性为数字压力计的压力传感器在不同压力点的输出结果与其特征直线的计算值的偏差。温度补偿为数字压力计在不同工作温度下在同一压力点的输出结果之间的偏差，是由温度参数影响量引起的变差。图 7-11 ~ 图 7-13 所示分别为重复性、迟滞及线性的图示。

（2）测量稳定性　数字压力计的测量稳定性包括特征直线的零位漂移和满度（斜率）漂移，如图 7-14 所示。仪器漂移是测量仪器计量特性变化引起示值在一段时间内的连续或增量变化，产生漂移的原因，往往是由于温湿度等环境变化引起

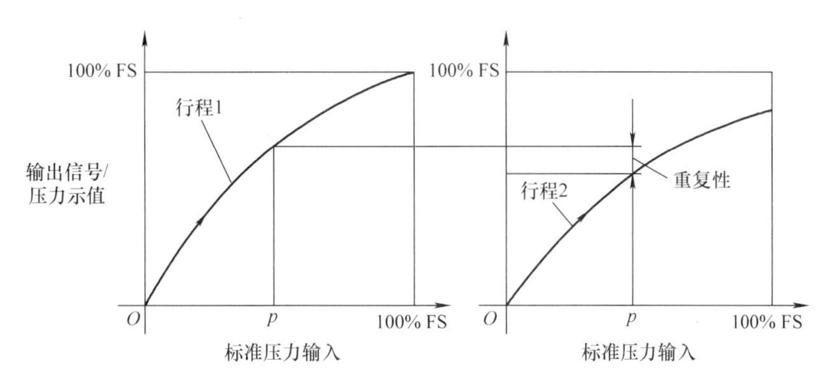

图 7-11　重复性图示

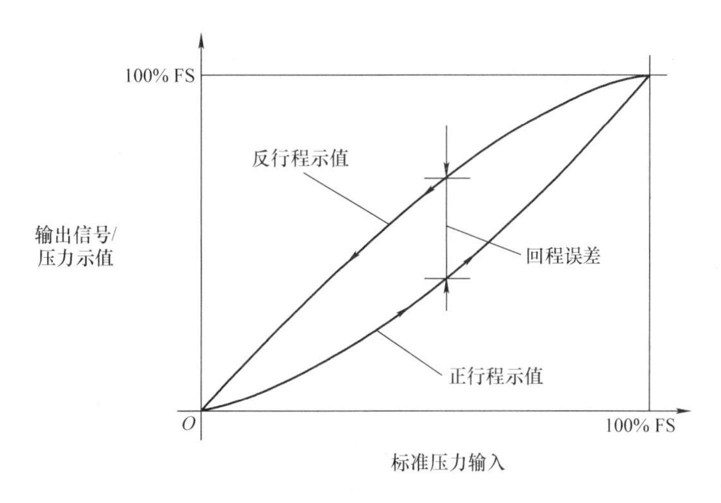

图 7-12　迟滞图示

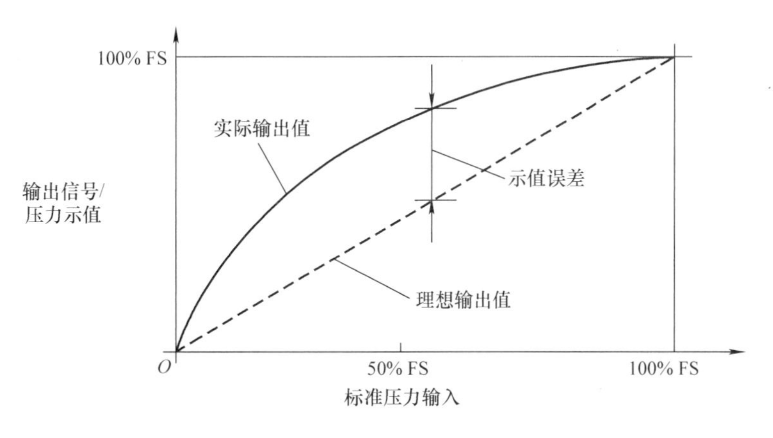

图 7-13　线性图示

的，或由于数字压力计本身性能不稳定造成的，因而数字压力计在测量前通常采取预热、预先放置一段时间与室温等温，就是减少漂移的常见措施。

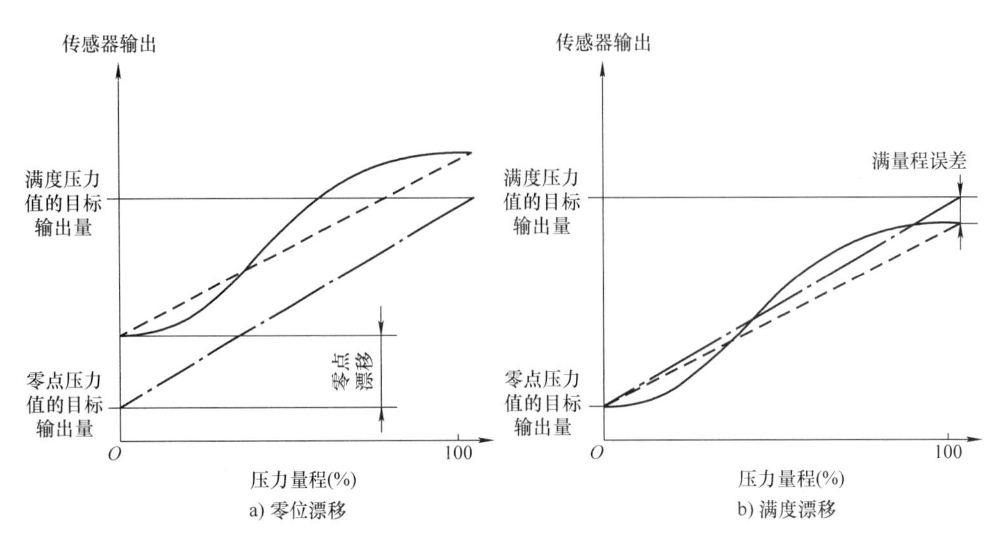

图 7-14　测量稳定性图示

数字压力计的零位漂移由于在每次开始测量之前均可以通过通大气的方式进行清零操作，因此通常不需要考虑表压数字压力计的长期零位漂移，而只需要考察其短时间内的零漂。而绝压数字压力计由于需要额外的标准仪器提供当前大气压的准确读数或真空度的准确读数才能进行零位调整，因此一般不需要进行绝压数字压力计的零位漂移检定。而当由大气压标准值进行的两次清零操作的时间间隔较长时，就需要考虑绝压数字压力计的长期零位漂移指标。对于数字压力计的满度（斜率）漂移，就是通常所说的稳定性指标，是考察数字压力计的计量特性随时间不变化的能力，定量地以周期稳定性表征，是划分数字压力计准确度等级的重要指标之一。数字压力计产生不稳定的因素很多，主要有元器件老化、零部件磨损、使用维护不规范等。稳定性根据考察的时间长短可分为年稳定性、半年稳定性等，数字压力计的周期稳定性采取年稳定性指标，考核时只对准确度等级为 0.05 级及以上的数字压力计进行，其要求不得大于最大允许误差的绝对值。

（3）测量不确定度　测量不确定度是压力传感器所测得的压力值包含真值的范围以及该范围的置信概率，其包括传感器的精度、稳定性以及上一级校准标准器的测量不确定度。

（4）显示分辨力　数字压力计的显示分辨力为最低位数字变化一个字时引起的压力示值差，一般它是衡量数字压力计测量准确度高低的参考指标之一。显示分辨力高，可以降低检测过程中的系统固有误差，减少数字修约后显示对测量结果的影响。

图 7-15 所示为典型压力控制器的控压曲线，以下为压力控制功能的主要技术

指标：

（1）控制精度（控制稳定性）　控制精度是自动标准压力发生器控制功能的关键指标之一，表征了控制器能够维持压力稳定的波动程度。受限于传感器的分辨力及本身存在测量噪声、控压阀门、控制算法设计等原因，即使在理想状态下，控制器的稳定控压也是将压力维持在一定的范围内波动，这个波动的半宽被定义为压力控制器的控制精度。

（2）控制过冲　控制过冲是控制器在达到目标值并稳定之前超出目标值的程度的技术指标，与控制器的控压阀门、控制算法设计有关。

（3）控制速度　控制速度是控制器达到目标值并稳定的时间，同样与控制器的控压阀门、控制算法设计有关。但是，控制过冲与控制速度是一对矛盾体，通常速度越快，过冲越大，反之，过冲小则速度慢。

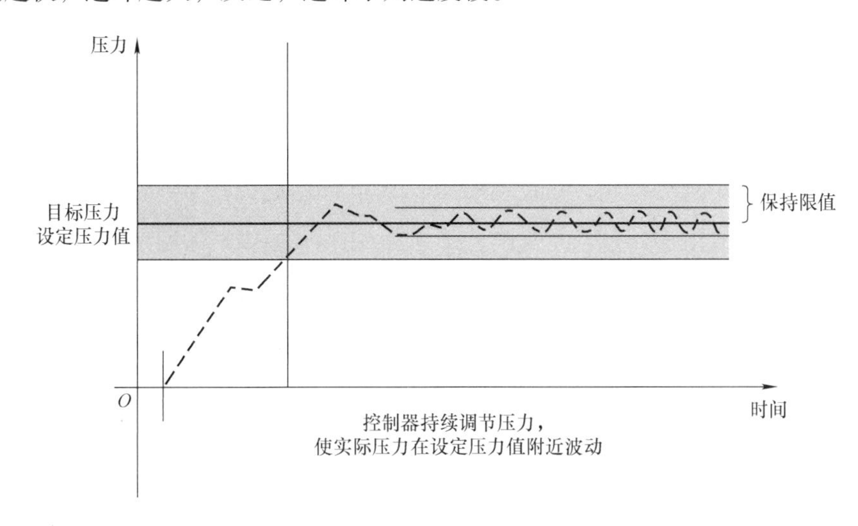

图7-15　典型压力控制器的控压曲线

2. 数字压力计的计量方法

（1）标准器的选择　压力标准器的测量范围应大于或等于数字压力计的测量范围，压力标准器的最大允许误差绝对值应不大于被检数字压力计最大允许误差值的1/3；检定0.05级及以上数字压力计时，若选用活塞式压力计或补偿微压计作为标准器时，压力标准器的最大允许误差绝对值应不大于被检数字压力计最大允许误差值的1/2。

检定控制稳定性时所选用的测试系统的测量范围应大于或等于压力发生器的测量范围，最大允许误差绝对值不大于压力发生器的示值最大允许误差绝对值，分辨力优于被检压力发生器示值最大允许误差绝对值的1/10。对于0.01级的，测试系统的采样频率不低于 10Hz；对于 0.02 级及以下的，测试系统的采样频率不低于 20Hz。

（2）检定前的准备工作　检定前标准器及被检数字压力计应在检定条件下放置 2h，并通电预热 30min 以上。检定前应调整标准器及被检数字压力计的受压点在同一水平面上，若两者不在同一水平面上时，因工作介质高度差引起的检定附加误差应不大于压力发生器示值最大允许误差的 1/10，否则，应进行附加误差修正。

检定前应做 1 次或 2 次升压（或疏空）试验。

（3）零位漂移的检定　数字压力计（不含绝压压力计）的零位在 1h 内的漂移量称为数字压力计的零位漂移，数字压力计的零位漂移不得大于最大允许误差绝对值的 1/2。

通电预热后，使数字压力计通大气并对数字压力计进行调零，使数字压力计初始示值为零，然后每隔 15min 记录一次显示值，记录 1h。各显示值与初始示值的差值中，绝对值最大的值为零位漂移。

（4）周期稳定性的检定　数字压力计的周期稳定性一般指一个检定周期（即 1 年）内，数字压力计各检定点正反行程示值与上个检定周期响应的检定点正反行程示值之差的最大值。

周期稳定性只对 0.05 级及以上的数字压力计进行考核，要求其不得大于最大允许误差的绝对值。首次检定的数字压力计不进行周期稳定性考核。

通电预热后，应在不做任何调整的情况下（有调零装置的可将初始值调至零），对数字压力计正反行程一个循环的示值检定，各检定点正反行程与上一检定周期相应的检定点正反行程示值的差值中，绝对值最大的值为周期稳定性。

（5）示值误差的检定　周期稳定性检定后，应将数字压力计示值调整至最佳值，再进行示值误差的检定。

准确度等级 0.05 级及以上的数字压力表检定点不低于 10 点，升压、降压检定循环次数为 2 次；准确度等级 0.1 级及以下的数字压力表检定点不低于 5 点，升压、降压检定循环次数为 1 次；所选取的检定点应包含零点并较均匀地分布在全量程范围内。

检定时将被检数字压力计示值与标准器所产生压力（或标准器示值）按照升压、降压的次序逐点进行比较，被检数字压力计示值与标准器所产生压力的差值即为被检数字压力计示值误差。取各点示值误差绝对值最大的数值即为最大示值误差，最大示值误差应满足准确度等级的要求。

（6）回程误差的计算　回程误差可利用示值误差检定的数据进行计算。取同一检定点上正反行程示值之差的绝对值作为数字压力计的回程误差。

（7）静压零位误差的检定　静压零位误差的检定只针对差压型数字压力计。

检定时，将差压数字压力计高低压端连通后，施加额定静压的100%压力，压力稳定后，读取静压零位示值，连续进行2次，取2次静压零位示值的绝对值作为静压零位误差。

（8）控制稳定性的检定　对于有控制功能的数字压力计（自动标准压力发生器），其输出压力在一定时间内保持在有限边界区域内的能力，称为控制稳定性。检定时，利用自动标准压力发生器控制输出压力，依次逐点升压、降压，待各点压力输出值稳定后，读取并记录测试系统30s内示值。

测试系统30s内示值最大值与最小值之差的1/2为压力发生器控制稳定性。

3. 数字压力计影响检定结果的因素

数字压力计的检定采用比较法进行示值误差的评估。检定过程中对检定过程的影响因素主要有：

（1）标准器的选择　数字压力计检定过程中要求上级压力计量标准的测量范围覆盖被检数字压力计且最大允许误差不超过数字压力计最大允许误差的1/3，此处强调最大允许误差，并不仅仅是准确度等级。

（2）传压介质的影响　不同原理、不同类型传感器、不同压力测量范围的数字压力计对传压介质的要求也是不同的，如果没有按要求使用传压介质，可能对测量准确度有影响，还可能损坏数字压力计。检定前务必要查看数字压力计的铭牌标签或使用说明书，以确认传压介质。通常情况下，测量范围在250kPa以下的数字压力计其传压介质均要求是气体介质，在使用液体作为传压介质时，务必按照说明书的要求选择合适的传压介质，并确保传压介质干净无污染，否则可能会造成管路堵塞或损坏传感器，影响测量准确度。

（3）检定环境的影响　通常的检定环境主要是指温度、湿度、振动、电磁干扰、空气流动、大气压变化等，对数字压力计影响较大的主要是检定温度，温度对大部分数字压力计都是有影响的，当温度偏离时，会对测量准确度带来影响。对于微差压的数字压力计空气流动带来的影响也不可忽略，检定或使用过程中注意减少空气流动，避免使用过程中空调口直吹，人员来回走动，房间门来回开关等情况。对于绝压型的数字压力计还要考虑大气压的变化，大气压随时间以及高度都会有所变化，对于准确度等级较高的数字压力计检定过程中应尽量缩短检定过程的时间。

（4）高度差的影响　压力仪表检定过程中，通常使用油、水、气作为传压介质，压力仪表的检定过程应尽量使标准器与被检数字压力计的感压面处在同一水平位置，当两者出现高度差时，传压介质会产生一定的压力，这部分压力会对测量准确度带来影响，高度差引起的压力附加误差可通过公式 $p=\rho g\Delta h$ 确定。其中，ρ 代表传压介质的密度；g 代表重力加速度；Δh 代表高度差。一般来说，高度差带来的影响小于被检仪表最大允许误差的 1/10 才可以忽略不计，否则，需要考虑高度差带来的影响，将高度差引起的附加误差作为一个修正值加在测量结果上。

4. 数字压力计的使用与维护方法

数字压力计作为精密测量压力的仪表，如果使用中使用不当、维护保养不到位，会导致测量准确度不够、使用寿命缩短甚至提前报废的可能，所以正确地使用及维护保养对于保持数字压力计的准确度、提高使用寿命至关重要。

1）确保使用环境满足数字压力计的要求。数字压力计的产品说明书中都会有对于环境振动、环境温度、环境湿度以及大气压力等的相关要求，尤其是环境温度对数字压力计的准确度影响较大，使用前应确保环境温度符合数字压力计的使用要求。

2）使用前应将数字压力计置于使用环境中并接通电源预热 30min 以上，使数字压力计的温度补偿充分平衡。

3）对于电池供电的数字压力计需要关注电池的电量，有些数字压力计当电池电量不足时会导致测量数据的不准确。

4）根据使用要求选择合适的量程并将数字压力计调整到合适的计量单位。

5）确保连接管路正确，避免不当操作引起仪器损伤、管路堵塞。

6）根据传感器选择合适的、干净的传压介质，若选择错误，则不仅会影响测量数据的准确性，还会对传感器造成损坏。

7）注意数字压力计的放置方式。数字压力计的放置方式（竖直、水平、倾斜）对数字压力计的准确度也是有一定影响的，通常数字压力计的使用都是竖直放置的。

8）安装好数字压力计后，有清零装置的数字压力计可以进行清零操作。

9）加压过程要缓慢，避免过压，过冲及过压会影响数字压力计传感器的使用寿命及准确度。

10）按照检定规程的要求，定期对数字压力计进行周期性检定和使用中检查，若经过维修则需进行计量检定及确认后方可投入使用。

11）存放环境不要超出数字压力计允许的存放环境要求，不得有引起计量特性变化的机械振动等因素，长时间不用的数字压力计需切断电源和去除电池。

7.4　数字压力计的应用案例

1. 在线精密测量

数字压力计作为精密测量仪表，可直接安装在锅炉、压力容器、压力管道等区域，用于监测压力的变化。目前大多数数字压力计均具有数据存储、远传、无线传输等功能，可实时记录监测区域的压力变化并可将监测数据导出或远传至个人计算机端，用于压力监测或统计分析，如图 7-16 所示。

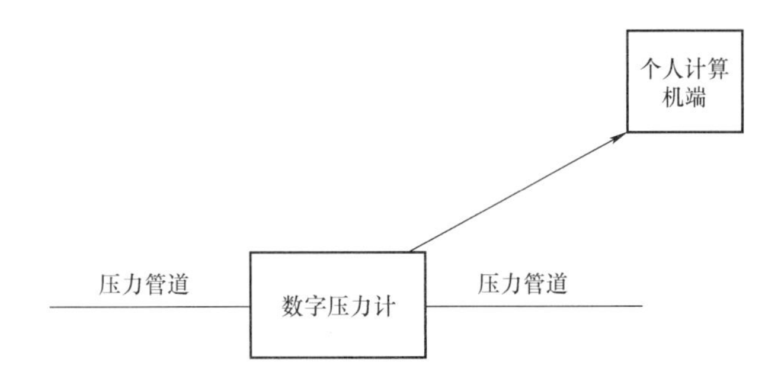

图 7-16　数字压力计在线测量示意图

2. 校验各类压力仪表

数字压力计作为计量标准器，可用于校验指针式数字式压力表、压力变送器、压力传感器、压力开关、血压计模拟器等各类压力仪表，校验时将数字压力计与被校验的压力仪器置于同一管路中，使用压力发生装置（可以是手动压力泵、电动压力泵、气瓶、自动标准压力发生器等）发生压力，按照检定规程或校准规范逐点进行校验。自动标准压力发生器是目前校验各类压力仪表时较为常用的计量标准器，也是未来发展的趋势，自动标准压力发生器可实现批量、自动校验各类压力仪表，是各类压力仪表生产厂家及计量院所较为青睐的标准器。

（1）校验指针式数字式压力表　数字压力计校验指针式或数字式压力表时可按照图 7-17 所示将数字压力计与被检压力表置于同一管路中，使用压力发生装置（可以是手动压力泵、电动压力泵、气瓶、自动标准压力发生器等）发生压力，逐点升压、降压，从而完成指针式压力仪表的校验过程，校验过程的数据可以通过数字压力计自身的数据存储功能进行存储后导出，也可以借助于操作软件进行。

（2）校验压力变送器、压力传感器　压力变送器与压力传感器的工作原理是将感受到的压力信号转换成电信号，用于测量或者控制。在校验压力变送器及或压力传感器时首先要将压力变送器或压力传感器的感压部分与数字压力计、压力发生

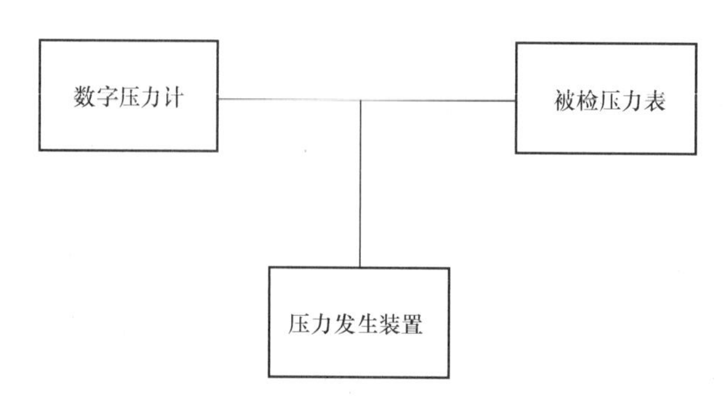

图 7-17　校验指针式数字式压力表图示

装置置于同一管路中，对压力变送器或压力传感器施加标准压力，同时还要测量压力变送器或压力传感器输出的电信号。目前一些数字压力计同时具备压力发生、直流供电电源、测量电信号等功能，省去了校验过程中使用的其他设备，让校验工作变得更加轻松，比较典型的就是自动标准压力发生器以及压力仪表自动检定装置。

使用时，需要按照图 7-18 所示进行输入压力部分以及输出电信号部分的连接，使用压力发生装置发生压力，数字压力计作为压力标准器，逐点升压、降压到压力检定点，同时读取标准电测表上显示的电信号，从而完成压力变送器或压力传感器的检定工作，也可借助仪表内置功能或软件完成自动校验。

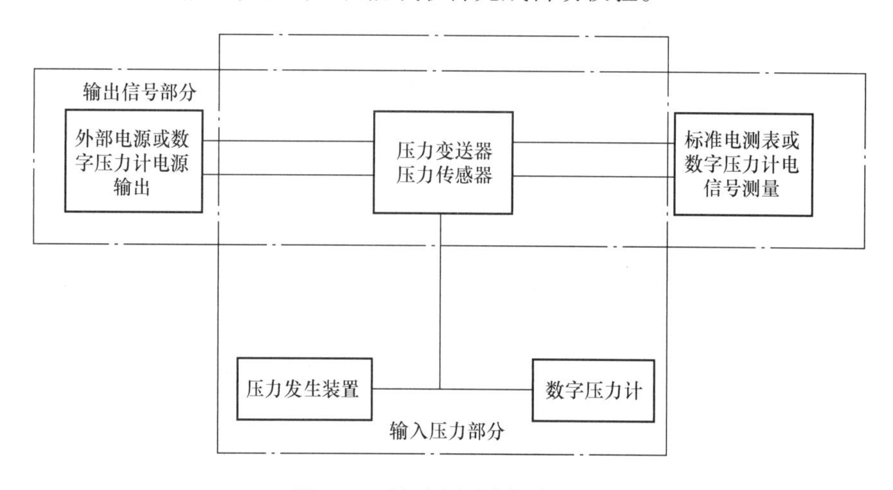

图 7-18　校验电测式仪表图示

（3）校验压力开关　压力开关通常也叫压力控制器，其工作原理是当压力开关检测到的压力值上升或下降到设定值时即可触发开关信号用于控制或者报警。使用数字压力计校验压力开关时，可按照图 7-19 所示进行输入压力部分以及输出信号部分的连接。

使用压力发生装置发生压力，数字压力计作为标准器，缓慢升压或者降压直至压力开关动作输出开关信号，记录压力开关动作时的压力值。因压力开关触发时压力即发生变化，为提高校准准确度，推荐使用带有自动记录功能的数字压力计或者配合软件来完成校验。

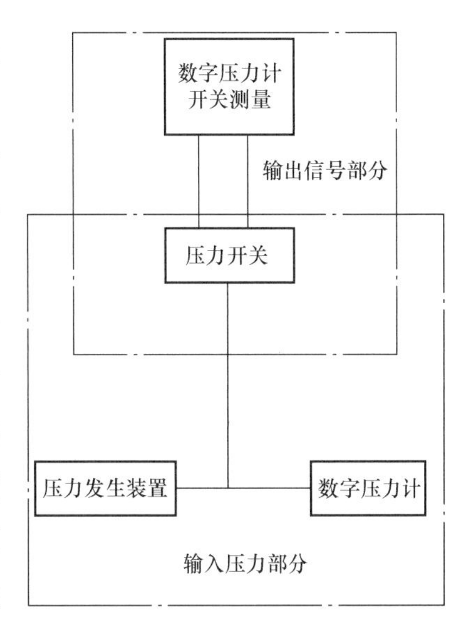

图7-19　校验压力开关图示

（4）校验血压计　血压计的测量范围一般是0kPa～40kPa（300mmHg），校验血压计时按照图7-20所示使用医用橡胶管和三通把被检血压计与数字压力计、压力发生装置相连通。使用压力发生装置发生压力，数字压力计作为压力标准器，以40kPa为起始点进行降压检定，记录各检定点压力值。

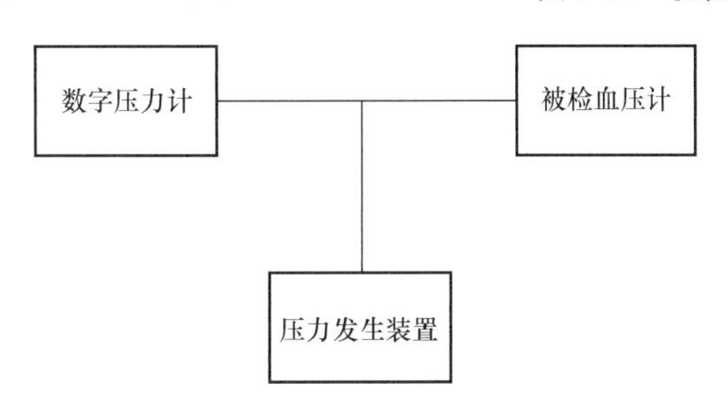

图7-20　校验血压计图示

第8章　大气压力测量仪表

8

地球周围被厚厚的大气层包围，大气层自身的重量作用于地球表面就会产生一定的压力。在物理学上将大气压强（简称大气压或气压）定义为单位面积上所受大气柱的重量，也就是大气柱在单位面积上所施加的压力。大气压力的空间分布和变化，对于研究大气气流场情况和气象分析有着重要的意义，因此用于指（显）示大气压力的测量仪表在各个行业尤其是气象分析、航空、军事和基础研究方面有着极为广泛的应用。

大气压力的测量始于16世纪，各种大气压力测量仪表通过几百年的逐渐积累而发展起来了。最早测出大气压力值的实验是在1643年由意大利科学家托里拆利（Evangeliste Torricelli）完成的，他测出了1atm（一个标准大气压）的大小为约为760mmHg或10.3mH_2O，并由此发明了水银气压计；1649—1651年，法国人帕斯卡（Blaise Pascal）改进了托里拆利的水银气压计，并详细测量了同一地点的大气压力变化情况，成为利用气压计进行天气预报的先驱；1654年，奥托·冯·格里克（Otto Von Guericke）为了向人们证明大气压力的存在，进行了著名的马德堡半球实验，直到现在仍用于某些教学实验来示范大气压力原理；17世纪初，德国物理学家华伦海特（Garbriel Daniel Fahrenheit）发现了水的沸点随大气压力变化的规律，并应用这一规律成功研制沸点测高计；1810年，法国人福丁（J. Fortin）发明了动槽式水银气压表；1843年，法国科学家吕西安（Lucien Vidie）发明了无液膜盒气压计，开始使用弹簧平衡代替液体来测量大气压力；1877年，德国人史普龙（A. Sprung）发明了自记式水银气压计；进入20世纪以来，随着现代传感器技术的发展，应用电容式、振筒式等气压传感器制成的数字式（电子）气压计由于其测量精确、使用方便等优点而得到广泛应用。

8.1　大气压力测量仪表的工作原理和结构

1. 大气压力的变化规律

（1）竖直方向上的变化　地球周围大气压力是无时无刻不在变化着的，大气压力与海拔有着密切的关系，即大气压力随海拔增加而递减。海拔越高，大气压力越小；两地的海拔相差越悬殊，其气压差也越大。这是由于大气的质量受地心引力作用，在近地面空气分子的密集程度高，产生的大气压力就高于空气稀薄的高空区域。这也意味着大气压力随着大气柱的重量受到空气密度变化的影响，空气的密度越大，也就是单位体积内空气的质量越多，其所产生的大气压力也就越大。例如在海平面附近，高度每上升100m，大气压力降低约10hPa；在海拔5500m附近，高度每上升100m，大气压力降低5hPa～7hPa；而在12000m高空上，高度每上升100m，大气压力只降低约3hPa。应用在航空器上的高度表，就是利用大气压力测量仪表的气压值换算出相应的标尺高度。

在物理学中，把纬度45°海平面（海拔为零）上的常年平均大气压力规定为1atm，且为一个定值。1atm为760mmHg产生的压力，约等于1.033at（工程大气压）或0.10133MPa。

（2）水平方向上的变化　大气压力的变化还与水平方向上季节变化和气温变化有关，即在不同地方随着气温不断变化着。气温升高，空气分子运动加剧，密度减小，单位体积内的空气分子数减少，大气压力就减小；气温降低，空气分子运动减弱，密度增加，单位体积内的气体分子数增加，大气压力就会增大。所以，即使在同一个地方大气压力每天都会变化，如同一地区早晨大气压力会上升，到下午时大气压力则会下降；全年冬季时候大气压力最高，而夏季时候大气压力最低；有些时候如在寒潮影响时，大气压力会很快升高，但冷空气一过大气压力又会慢慢降低。

因此，大气压力在海拔上随着高度的增加而降低，在水平方向上受季节和气流影响分布也不均匀，这种近地高度或是气温变化对大气压力的影响实际上是与单位面积上空气分子的密集程度有关。不同的气压状态使得空气从高压流向低压，也就产生了大气的运动，这种运动使得各地的水汽和热量进行着频繁的交换，也就引起了天气复杂的变化。依据同一高度上不同水平方向上的气压测量点的测量结果，分析气压分布情况和气压场的变化规律，就为天气预报提供了技术依据。

2. 大气压力测量原理

用不同原理制成的大气测量仪表主要有以下几种：

（1）液体气压计　主要是水银气压计，利用的是一定长度的水银液柱的自重与大气压力相平衡的原理。托里拆利实验则表明水银液柱管内径的粗细和玻璃管的长短与大气压力无关，并不影响水银柱的竖直高度。

（2）空盒气压表　利用的是空盒的金属弹性应力与大气压力相平衡的原理。

（3）数字式气压计　利用不同原理的传感器将大气压力转换成相应的电信号

的变化，再经过测量电路对电信号处理并显示出来。

（4）沸点气压表　利用液体的沸点随着大气压力的变化而变化的特性关系来测量气压。在不同的大气压力下，当将纯净液体加热至沸点时，此时液体表面饱和蒸气压与大气压力相平衡，通过测定沸点就可以换算出大气压力值。大气压力 p 与沸点t_b 的关系为

$$\lg p = A - \frac{B}{t_b - E} \tag{8-1}$$

式中，A、B 和 E 都是待定系数，随液体不同而不同。

3. 大气压力测量仪表基本结构

（1）水银气压计　主要由内管、水银槽和外套管组成。内管为一根直径 8mm、长约 900mm、一段开口一端封闭的玻璃管；水银槽内装由定量的水银，与内管接合处用垫圈密封；外套管材质一般为黄铜，用来保护内管防止晃动。

（2）空盒气压表和空盒气压计　由弹性膜盒或膜盒组作为空盒感压元件，通过传动机构传动和放大空盒平衡大气压力作用产生的机械位移。所不同的是空盒气压表通过指针指示出大气压力值，而空盒气压计则通过自记笔杆代替指针，将大气压力的连续变化记录在自动钟钟筒内。

（3）数字式气压计　类似于数字压力计，它由覆盖大气压量程范围的绝压型压力传感器、信号处理和转换单元以及数字显示单元组成。

（4）沸点气压表　核心元件是由加热和测温元件、液体存储容器、沸腾室、冷凝管以及测压口组成的沸点测压瓶。出气口测量状态下与外部待测大气压力相连通，通过加热电阻丝将沸腾后的液体蒸气沿冷凝管回流至存储容器。

4. 气象部门气压仪表分级制度和计量单位

由于不同的大气压力测量仪表的测量精度差别很大，在气象部门实际应用中，为了保证各气象观测台站量值准确、统一，世界气象组织制定了各级管理和传递制度。气象部门气压仪表分级及其技术要求见表 8-1。

表 8-1　气象部门气压仪表分级及其技术要求

等级类型	技术或性能要求
A 级（一级或二级标准）	能独立测定气压，测量误差不大于 ±0.05hPa
B 级（工作标准）	用于气压对比工作，仪器误差通过与 A 级表对比后校准确定
C 级（参考标准）	用来向各气象台站气压表传递校准标准以及进行比对
S 级	安装在气象台站上的气压仪表
P 级	高质量、高精度的气压表，经过多次搬运仍能保持其原有精确度
N 级	高质量、高精度的空盒气压表，滞差效应和温度系数可忽略不计
Q 级	便携式精密数字式气压计，可作为移运式标准
M 级	质量好、准确度高的便携式微气压计

表8-1中，除A级气压表自行确定仪器误差外，其他各级气压表都要直接或间接与A级表对比确定仪器误差，间接比对借助C级参考标准来完成。如将C级气压表先与A级或B级气压表对比确定示值，再移至气象台站与S级气压表对比校准，最后返回与A级或B级气压表复校。

大气压力测量仪表与其他压力仪表一样，都是以帕斯卡（Pa）为计量单位，但是历史上在气象系统内也常使用毫米汞柱（mmHg）和毫巴（mbar）作为气压单位。1982年世界气象组织规定，气象部门采用百帕（hPa）作为气压基本单位。

8.2　大气压力测量仪表的分类和计量特性

大气压力测量仪表根据测量原理不同可分为水银气压计、空盒气压表（计）、数字大气压力计和沸点气压表。由于水银会对环境造成比较严重的污染，水银气压计正在逐步退出历史舞台；沸点气压表是将气压测量转化成液体温度测量，这需要具备良好的热交换功率和保温装置，对测温精度要求较高，如果测压精度为0.1hPa，则测温精度必须达到0.003℃，实际应用中主要用于探空科研。本节仅对空盒气压表（计）和数字大气压力计的计量特性进行详细论述，对水银气压计和沸点气压表不做过多阐述。

8.2.1　空盒气压表

空盒气压表是利用膜盒在大气压力作用下发生的弹性形变，通过传动机构转换成对应的指针转动量来测量大气压力的。它一般分为精密空盒气压表、普通空盒气压表和高原空盒气压表。

1. 仪表结构

如图8-1所示，空盒气压表由感压元件、传动机构、指示装置和外壳等部分组成。感压元件为金属空盒，即具有弹性的薄片所构成的扁圆盒，盒内抽真空或只残留由少量空气。通常为了增加灵敏度，使用若干个单独的空盒串联成空盒组，也可以中部连通成一个整体。空盒一般由铜、合金等材料制成，表面具有波纹状压纹，目的是增加受压变形时具有良好的柔韧性和测量灵敏度。空盒组的底部固定，顶部与传动机构相连接，可以自由活动。传动机构由连接杆、中间轴、拉杆等杠杆装置组成，指示装置由指针和刻度表盘组成。除此之外，空盒气压表一般还具有标尺式温度计等附属配套仪表。

空盒气压计的指示装置为自记笔杆，将传动机构转换的空盒变形量以对应的气

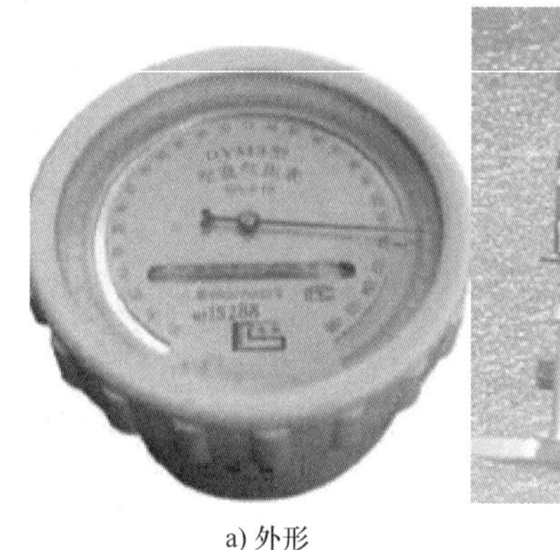

a) 外形

b) 内部结构

图 8-1　空盒气压表的外形和内部结构

压数值记录在时间－气压坐标记录纸上，形成时间－气压记录曲线。按照记录周期可分为日记型和周记型两种。

空盒气压计的外形和内部结构如图 8-2 所示，由一组真空膜盒、杠杆和拉杆、自记笔杆、记录纸、自动钟钟筒及底座外壳等组成。

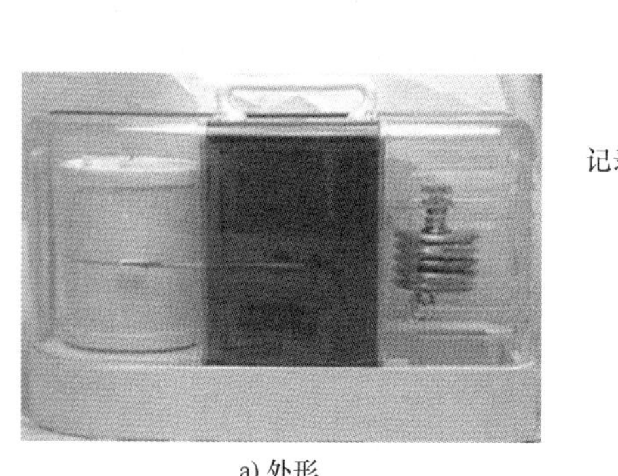

a) 外形

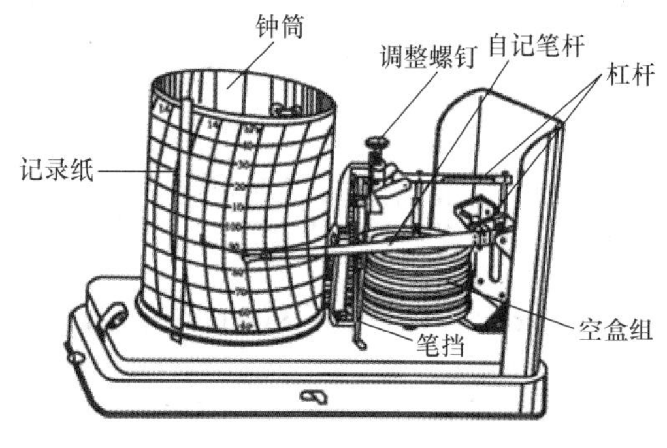

b) 内部结构

图 8-2　空盒气压计的外形和内部结构

2. 工作原理

如图 8-3 所示，当空盒（组）元件弹性形变的应力f_1与大气压力p_1相平衡时，空盒（组）厚度保持在δ_1；当大气压力发生变化时，弹性应力失去平衡，空盒（组）随之产生形变，直至大气压力p_2和弹性应力f_2重新达到平衡状态，此时空盒（组）厚度相应变化至δ_2，δ_2与δ_1之间的变化量就是为了平衡气压变化而产生的机械位移。

空盒（组）轴向压缩变形后拉紧连接杆，带动中间轴正向旋转，此时指针指示出气压升高的变化；反之，空盒（组）轴向扩张变形，中间轴反向旋转，指针

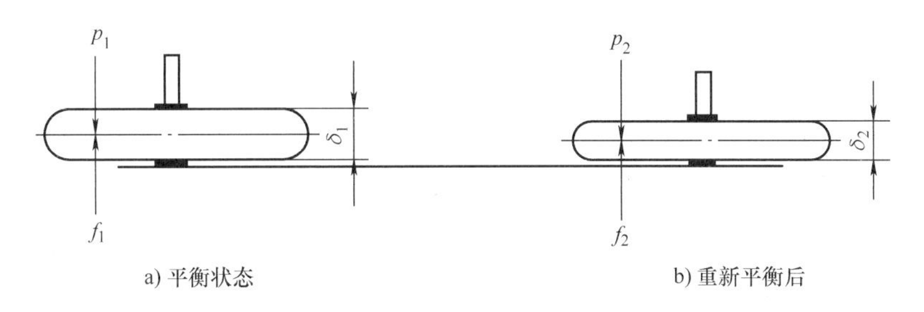

图8-3　空盒元件工作原理示意图

则指示出气压降低的变化；当处于平衡状态时，指针停止转动，此时指示值即为当时的大气压力值。

对于空盒气压计，当大气压力变化时会引起真空膜盒伸张或收缩，在杠杆和拉杆组成的传动机构的作用下，带动自记笔杆移动；自动钟钟筒在电子时钟及其动力装置驱动下做旋转运动，旋转速度与记录纸上的时间相对应；自记笔杆笔尖沿着自动钟钟筒内记录纸上的弧线上下移动，从而记录出大气压力随时间变化的轨迹线。

3. 计量特性

（1）弹性特性　与弹性元件压力仪表一样，空盒元件也具有弹性元件具有的所有弹性特性，其中影响最大的是弹性迟滞和温度的影响效应。

空盒气压表的弹性迟滞包括弹性后效和弹性滞后。弹性后效是作用在空盒元件表面的大气压力停止变化后，空盒元件一段时间内仍在继续发生变形；弹性滞后是空盒元件的形变随着大气压力的升高或降低而特性曲线不重合。

温度变化对空盒元件的影响表现在：一是空盒弹性模量具有负温度系数，即温度升高而空盒元件弹性性能降低，反之弹性性能增加；二是空盒弹性材料本身会随着温度变化而热胀冷缩。

由于弹性迟滞效应和温度的影响效应是空盒元件无法克服的弹性特性，因此在实际使用中除了对示值误差进行修正外，还通过补充修正和温度补偿修正的措施来降低这两种效应的影响。

一般修正式为

$$p = p_s + \Delta p + \Delta p_t + \Delta p_d \tag{8-2}$$

式中　p——实际气压测量结果（hPa）；

p_s——空盒气压表指示值（hPa）；

Δp——示值误差修正值（hPa）；

Δp_t——温度系数修正值（hPa）；

Δp_d——补充修正值（hPa）。

其中，示值误差修正值 Δp 可通过空盒气压表相邻示值检定结果经内插法计算后获得；补充修正值 Δp_d 可通过检定证书内容直接获得；温度系数修正值 Δp_t 可通过检定结果给出的温度系数 K_t 与附属温度计示值的乘积计算后获得，即

$$\Delta p_t = K_t t_0 \tag{8-3}$$

式中 Δp_t——温度系数修正值（hPa）；

K_t——温度系数（hPa/℃）；

t_0——空盒气压表附属温度计示值（℃）。

空盒气压计一般用以模拟大气压力的变化曲线，其测量的是气压随时间增加的变化量，因此示值一般不需要修正。若用于测量气压绝对值时，其记录曲线则需与其他类型气压测量仪表比较和修正后才能使用。

（2）计量性能要求　空盒气压表（计）的测量范围一般为 500hPa～1100hPa，其各项计量性能要求见表 8-2。

表 8-2　空盒气压表（计）的计量性能要求

计量器具		测量范围/hPa	整 10hPa 点示值修正值/hPa	相邻整 10hPa 点间示值修正值的变量/hPa	温度系数/hPa·℃$^{-1}$	补充修正值/hPa
空盒气压表	精密型	800～1060	在测量范围上下限不得超过 ±1.4，其余各点不得超过 ±1.2	在 830～1030 范围内不得超过 ±0.5，其余范围不得超过 ±1.0	不得超过 ±0.10	不得超过 ±1.2
	普通型	800～1060	不得超过 ±2.5	在 830～1030 范围内不得超过 ±0.5，其余范围不得超过 ±1.0	不得超过 ±0.13	不得超过 ±2.5
	高原型	500～1060 或 500～1030	不得超过 ±4.0	在 550～1030 范围内不得超过 ±1.3，其余范围不得超过 ±2.6	不得超过 ±0.26	不得超过 ±4.0
空盒气压计		在 870～1050 范围内（或者在 600～1060 范围内）取量程为任意 90 的范围	在其笔位中点的误差为 0.0 时，其测量范围上下限不得超过 ±1.5	不得超过 ±0.7	不得超过 ±0.13	—

8.2.2　数字大气压力计

数字大气压力计（数字式气压计），是以数字形式输出（显示）大气压力值的

气压测量仪器（包括环境参数综合测量仪中满足此形式的气压测量单元），核心元件是气压传感器及其测量电路。根据结构不同可分为整体型数字式气压计和分离型数字式气压计。

数字式气压计的工作原理如图 8-4 所示，气压传感器根据被测大气压力的变化输出相应电信号，由信号处理单元处理后在输出单元上显示出相应的大气压力值。

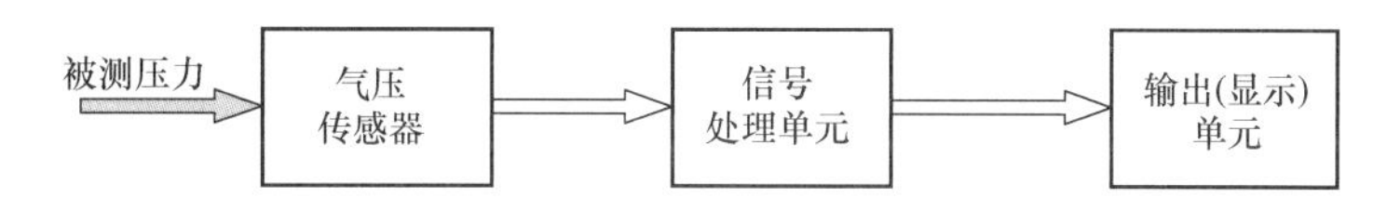

图 8-4　数字式气压计的工作原理

1. 气压传感器类型

常用的气压传感器主要有石英波登管气压传感器、硅膜盒电容气压传感器、压阻式气压传感器和振筒式气压传感器等。

（1）石英波登管气压传感器　如图 8-5 所示，由熔融石英制成的螺旋形波登管，采用力平衡式设计，利用附着于波登管上的镜面反射光线来探测波登管的受压偏转，并通过调节电流大小驱动永磁体抑制波登管的偏转，使得波登管始终处于力平衡状态，由此建立起气压与电流的特征关系。由于力平衡式设计使得气压传感器在测量大气压力时没有形变，进而提高了气压传感器线性。石英材料具有独特的物理、化学特性，具有极低的线膨胀系数、极高的抗张强度和几乎没有迟滞效应，是制作高精度压力传感器敏感元件的理想材料，因此石英波登管气压传感器的精度非常优异，可制成准确度较高的气压计量标准器。

图 8-5　石英波登管气压传感器

制作气压传感器时，将石英波登管的内部抽成真空并永久密封，使用空腔将石英波登管封装其中，在空腔中引入气压后，石英波登管的偏转趋势取决于外部大气压相对于内部真空的压力差，从而实现准确测量大气压力的目的。

（2）硅膜盒电容气压传感器　如图 8-6 所示，硅膜盒电容气压传感器的平行板电容器采用单晶硅层作为基板，上面焊接有镀金属导电膜的玻璃片，中间真空腔体为真空硅膜盒。在单晶硅片靠近玻璃片两边处，用蚀刻方法形成硅膜，并用镀金方法使硅膜具有导电性，从而在玻璃片和硅膜间形成平行板电容器，它们分别为电容器的两个电极。

硅膜盒电容气压传感器广泛应用于自动气象站，具有性能稳定、测量范围宽、滞差极小、重复性好、无自热效应等优点。

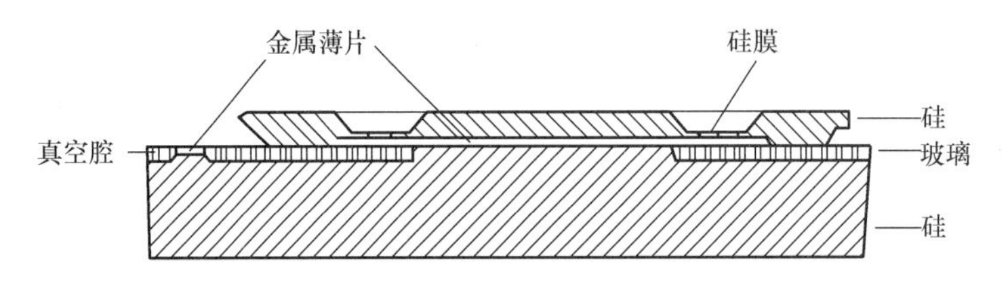

图 8-6　硅膜盒电容气压传感器的结构

当周围大气压力变化时，硅膜盒弹性形变引起平行板电容器电容量改变，此电容量的变化被测量后最终转换成气压值。大气压力升高时，硅膜盒弹性膜片向下弯曲，电压增大；当大气压力降低时，弹性膜片向上弯曲，电压减小。

（3）压阻式气压传感器　压阻式气压传感器是根据半导体的压阻效应制成的，其基本结构为在硅基板上连接了一个柔性电阻器，可以是应变片等压阻元件。压阻应变片上贴有对压力敏感的薄膜，当被测气压升高或降低时，薄膜发生变形，电阻器阻值相应发生改变。电阻器阻值随膜片的弯曲应力变化，引起测量电桥失衡，而电桥输出值与加在膜片上的气压成正比例变化，因此压阻式气压传感器是通过测量相应电阻值来测量大气压力的。

如图 8-7 所示，大多数压阻式气压传感器是通过集成电路的办法，形成四个电阻值相等的电阻条，并将它们连接成惠斯通电桥。惠斯通电桥采用恒流或恒压驱动，不受温度变化的影响，测出的电阻值变化通过差动放大器放大后，再经过电压或电流的转换，变成相应的电信号。

（4）振筒式气压传感器　利用弹性金属圆筒在外力作用下发生振动，振动频率随加在筒壁两边的压力差变化而变化的原理制成。

如图 8-8 所示，振筒式气压传感器基本结构包括振动筒、外保护筒、线圈架、激振线圈、拾振线圈以及底座和通气口。振动筒和外保护筒为同轴的一端密封的圆筒，一端固定在公共基座上，另一端为自由端。线圈架安装在基座上，并位于圆筒

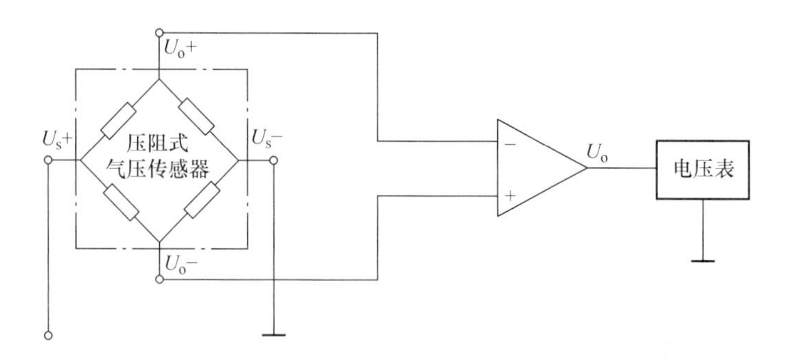

图 8-7　惠斯通电桥示意图

的中央，线圈架上有激振线圈，用于激励振动筒；线圈架上的拾振线圈，用于检测振动筒的振动频率；拾振线圈安装时与激振线圈相垂直，以避免两个线圈的互相耦合，并有助于振筒以四瓣对称波形起振，这种波节的对称性也有助于过滤外来的干扰。激振线圈、拾振线圈和机械共振的振动筒由通过导线的电流和由磁力线所产生的力相互联系，构成闭环控制电路。

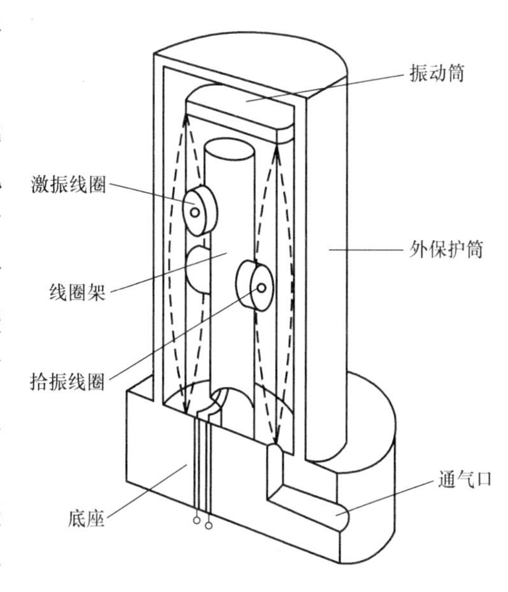

图 8-8　振筒式气压传感器结构图

振筒式气压传感器工作时，在振动筒与外保护筒之间为参考真空，将大气压力引入振动筒内部，随着气压的不同，振动频率也随之变化。需要注意的是，振动筒的振动频率除了受大气压影响外，还会受到温度变化和气体密度的影响，所以需要进行温度补偿和采用干燥空气介质。

在参考真空下，激振线圈使振动筒以固有振动频率f_0振动，当大气压力 p 进入振动筒内部时，引起振动筒的应力和刚度变化，振动筒固有频率增加。拾振线圈检测出这种频率变化增量后，一方面限幅放大、整形后输出频率信号，另一方面正反馈给激振线圈一个增强的和以适当频率脉动的力维持振动筒的振动。

此时，大气压力 p 与谐振频率 f 之间关系为

$$f = f_0 \sqrt{1 + \beta p} \tag{8-4}$$

式中　f_0——振筒内外压差为零时的固有振动频率，只与振筒尺寸和材料有关；

β——振筒的压力系数。

2. 信号测量转换电路

经过气压传感器转换后的模拟量，还需要通过模/数（A/D）转换成电信号，供显示单元或计算机识别和处理，通常此过程包括采样、保持、量化和编码。采样是指周期地获得模拟信号的瞬时值，从而得到一系列时间上离散的脉冲采样值；保持是将采样值保存下来，在量化和编码阶段不会发生变化；量化是将输出的模拟信号转化成最小数字量单位整数倍的转化过程；编码是将量化的结果表示出来的过程。经转换后的电信号通过显示终端以数字形式输出。

目前气压传感器及其测量电路、显示器已经往集成化、微型化、低功耗方向发展，可以内置在气象部门的移动设备终端上，甚至是智能手机或智能手表中，在无数据链路模式下也可通过感知周围气压变化来估算海拔，并以此来提高智能设备预报天气变化的准确性。

3. 计量性能要求

数字式气压计的准确度等级与最大允许误差见表8-3。

表8-3　数字式气压计准确度等级与最大允许误差

准确度等级	最大允许误差/hPa
0.01	±0.10
0.02	±0.20
0.03	±0.3
0.04	±0.4
0.05	±0.5
0.1	±1.0
0.2	±2.0
0.5	±5.0

数字式气压计的回程误差要求为不超过最大允许误差绝对值的1/2。

0.05级及以上的数字式气压计年稳定性要求为不超过最大允许误差的绝对值。

8.3　大气压力测量仪表的计量方法

本节主要介绍空盒气压表（计）和数字式气压计的计量检定方法。

1. 计量检定过程中的影响因素

（1）观察视角和读数方式　空盒气压表在检定过程中，示值结果为表盘指针的指示位置，因此应将空盒气压表水平放置，避免倾斜引起的读数误差；观察时指针与镜面指针相重叠，此时指针所指值数即为气压示值，为减少读数误差，应精确到0.1hPa，附属温度计读数应精确到0.1℃。

（2）弹性迟滞效应　由于气压变化在短时间内幅度较小，弹性后效和弹性滞后对示值结果影响较大，因此空盒气压表检定或使用时应用手指轻轻敲击仪器外壳及表面玻璃，或者以较小频率的机械振动代替敲击，以消除传动机构中的摩擦，减少弹性效应的影响。

（3）温度变化的影响　虽然大气压力测量仪表在设计制造时会采用一定的温度补偿措施，但温度的影响因素始终存在，因此在检定过程中应尽量减少环境温度变化，同时如果可能，应尽量缩短检定时间。空盒气压表（计）温度系数的检定过程中，温度检定箱内的波动度应不大于±0.5℃，均匀度不大于1.0℃；数字式气压计检定过程应根据不同准确度等级，环境温度控制在相应的参考工作条件下。检定开始前应在参考条件下放置一段时间和经过充分预热，以达到热平衡状态。

（4）密封情况　大气压力测量仪表的检定一般是在气压示值检定箱中完成的，这就要求气压箱具备良好的气密性，减少漏气引起的示值波动甚至失实。空盒气压表（计）检定气压箱漏气率10min内气压变化不应大于0.3hPa；数字式气压计因漏气造成的压力差不应超过其最大允许误差的1/10。

2. 大气压力测量仪表检定方法

（1）检定前的准备　选择合适的计量标准器，除检定标准器测量范围需覆盖被检气压仪表以外，空盒气压表（计）检定时可选用最大允许误差为±0.4hPa的振筒气压计或其他计量标准器；数字式气压计检定选用数字压力计作为计量标准时，计量标准的最大允许误差不应超过被检气压计最大允许误差的1/3，选用绝压型气体活塞式压力计时其最大允许误差不超过被检气压计最大允许误差的1/2。检定工作介质宜选用干燥、洁净的空气或氮气。

在检定规程要求的环境条件下静置2h方可开始检定。待达到充分热平衡后，按要求连接和安装时，应注意保证整个测量系统压力密封性需符合要求。

（2）检定项目和方法

1）外观检查。采用目力观察及通电检查，大气压力测量仪表铭牌信息、指（显）示机构、调整装置等应能满足检定规程的相应要求。需注意的是，空盒气压计的自动钟应按要求提前检定完成后方可开展示值检定。

2）温度系数检定。空盒气压表（计）示值检定前需先进行温度系数的检定。温度系数检定前应将空盒气压表的指针（空盒气压计为笔尖）调整到气压标准示值不超过±0.5hPa的位置上，后续检定或使用中检查时如果被检气压值与气压标准示值之差不大于3hPa可不进行此操作。检定过程中大气压力变化不得超过3hPa，否则应重新检定。

温度系数的高、低温度检定点选取为25℃～35℃和0℃～5℃区间内任意一点，且两者温差应大于20℃；检定时高、低温度点选择顺序对检定结果影响可忽略不计，但温度稳定时间应不少于2h。

待温度检定箱分别在高、低检定点温度达到稳定状态后，同时读取气压标准压力示值、标准温度计示值和被检气压表示值，空盒气压计示值结果为画线记录。测量结果按式（8-5）计算温度系数：

$$K_t = \frac{\Delta p_1 - \Delta p_2}{t_1 - t_2} \tag{8-5}$$

式中　K_t——温度系数（hPa/℃）；

Δp_1——高温度点气压标准值与被检空盒气压表（计）示值之差（hPa）；

Δp_2——低温度点气压标准值与被检空盒气压表（计）示值之差（hPa）；

t_1——高温度点标准温度计示值（℃）；

t_2——低温度点标准温度计示值（℃）。

由于出厂温度系数与检定温度系数之差引起的气压差平均值测量误差可忽略不计，为简化流程也可在检定新出厂而未使用的空盒气压表时，采用出厂温度系数作为参考。

3）示值检定。空盒气压表（计）示值检定点一般选取1050hPa、1030hPa、1010hPa、990hPa和960hPa五个点，其中1010hPa点为必检点；测量范围为870hPa～960hPa时可选取960hPa、940hPa、920hPa、900hPa和870hPa；气压常年低于960hPa的地区可采用常压定域的方法确定检定点。检定时，将空盒气压表（计）放入气压示值检定箱内，逐渐升（降）压至各个检定点，升降压过程中应连续不可停顿，保持趋势不变。在每个检定点稳定时间：空盒气压表不少于5min；日记型空盒气压计不少于10min；周记型空盒气压计不少于20min。稳定后记录气压标准示值、标准温度计示值和被检气压表示值（空盒气压计为自记纸上稳定时间段的自记画线的压力值），并计算各检定点上的气压差值平均值。

数字式气压计检定时选取包含测量上、下限在内不少于6个整10hPa点，依次逐点升（降）压至每个检定点，待示值稳定后记录气压标准示值和被检气压计示值。准确度等级为0.05级及以上的数字式气压计需进行两个循环的检定。示值检定完成后，计算相应的示值误差和回程误差，并给出示值修正值。

准确度等级为0.05级及以上的数字式气压计根据示值误差检定结果，与上一个检定周期同一检定点上的示值变化量，为示值稳定性，不应超过最大允许误差的绝对值。当数字式气压计示值稳定性合格，而示值误差不合格时，具备调整功能的气压计，可将示值调整到其误差限要求以内，重新进行示值检定。

4）补充修正值检定。空盒气压表示值检定后，在自然条件下放置 24h 以后，方可进行补偿修正值的检定。检定方法是将空盒气压表与气压标准器感压部分放置在气压检定室内同一水平面上，在相同大气压力和环境温度下进行比较。分别读取气压标准示值、标准温度计示值和被检气压表示值，比较读数次数为 5 次，间隔时间不小于 1h。气压标准示值（经示值修正后）与被检气压表示值 5 次比较读数之差值的平均值，即为空盒气压表补充修正值。

3. 大气压力测量仪表的使用与维护

（1）环境因素影响　由于空盒气压表受温度和弹性效应影响较大，因此在使用前应经过计量检定或与高等级标准、参考标准等对比确定示值误差后方可使用，使用时应进行内插法示值修正、温度系数修正和补充修正值修正。为了保证测量准确性，一般应每隔半年进行一次使用中检查。由于空盒气压表便于携带、使用方便，适合在野外工作时使用，因此使用时应注意环境温度变化对其示值的影响。

由于气象部门使用大气压力测量仪表经常是在极端的气候条件下，这种使用条件可能已经超过了仪器设计制造和技术规范的要求，因此除了定期检查仪表结构有无损伤和采取合适的修正方式以外，采用温度耐受范围更广、测量精度更高、性能更稳定的气压仪表（如集成温度补偿范围广的气压传感器）更能够有效延长使用寿命和保证精确度。

（2）指示系统摩擦影响　空盒气压计的笔尖与自记纸之间的摩擦是一个很重要的误差来源。笔尖的控制可以认为是与膜盒（组）有效截面面积成正比的，设计性能优良的空盒气压计笔尖处的摩擦要大于仪器所有轴枢和轴承的总摩擦，可以有效降低笔纸摩擦带来的附加误差。在使用中，应适时观察笔杆和笔尖的位置以及自记纸的使用情况，如果摩擦影响过大，应及时使用调整装置调节笔位，使笔杆轴稍稍倾斜，此时笔杆会由于重力作用而自然贴合在自记纸上。

（3）运输和储存方式影响　高振动频率的运输方式对大气测量仪表示值的影响是巨大的，指针或指示位置的频繁波动会大大降低仪表结构的牢固程度和示值准确度，因此在运输过程中应采用有效的抗振动方式，气压仪表在运输前后都需与气压标准对比确定后方可使用。在储存过程中，应确保周围无强烈振动源并定期进行检查。

（4）电磁干扰　数字式气压计的气压传感器是一种灵敏的测压元件，易受周围电磁场影响，因此在安装和使用中应屏蔽或远离强电磁场，如变压器、雷达、计算机等设备。电磁干扰不会影响气压传感器的正常工作，但是会引起噪声或机械振动，使得气压传感器的测量精度降低。

8.4　大气压力测量仪表的应用案例

1. 在气象分析和天气预报上的应用

近地面的气象变化存在着空间分布上的不均匀性和时间变化上的脉动性，因此大气压力测量仪表对反映气象状况、测量海拔和进行天气预报有着重要的作用。无论人工观测还是自动观测气象站，都要求大气压力测量仪表需要具备较高的准确性和可靠性；并且结构较简单，使用操作和维护方便；牢靠耐用，能支持长时间连续运行。自动气象站气压参数技术指标见表8-4。自动气象站通过自动采集海平面气压、水气压、温湿度等各种统计数据，编发气象报文数据，为气象部门天气预报和灾害天气预警提供决策技术依据。

表8-4　自动气象站气压参数技术指标

测量范围	500hPa～1100hPa
分辨力	0.1hPa
准确度	±0.3hPa
平均采样时间	1min
采样频率	6次/min

由于海拔不同，各地气压测量后是无法直接比较的，为了便于分析气压场，一般通过海平面气压修正，即将各地气压统一修正到海平面上来进行比较和分析。

2. 在军事和航管部门上的应用

在军事和航空部门，常利用数字式气压计的气压数值来测定空气密度和高度，以便修正弹道或确定飞行高度。空气密度的测定一般先通过测定气压值、温湿度值和容积计算出饱和蒸气压，从而换算出空气密度和标准状态下干燥空气密度。

飞机在飞行中主要通过测量机舱外气压变化和大小，用气压式高度表来估算飞行高度，适时调整高度保证飞行安全。这也是航管部门用来维持高空中飞行秩序、防止飞行冲突的重要手段之一。

3. 在人体健康上的应用

大气压力对生理健康的影响，主要是影响人体内氧气的供应水平。当生活环境气压下降时，人体肺泡氧分压和动脉血氧饱和度都会随之下降，会导致一系列生理反应，严重时甚至可以威胁生命。如出现高原反应时，人体机体为补偿缺氧就会加快呼吸和血液循环，出现呼吸急促和心率加快的现象；同时脑部缺氧还会引起头晕、呕吐甚至肺水肿和昏迷的不良症状。低气压下的阴雨天气会让特殊疾病人群胸闷、有压抑感和神经紧张，引起血压或血糖升高从而诱发血管堵塞等心脑血管疾病。

可移动式数字式气压计集成了微型气压传感器具有体积小和准确度较高等优点，可随身携带以便实时观测气压变化，供登山人员和特殊疾病人群使用。

4. 在计量仪器示值修正上的应用

许多计量器具在使用时都需要进行大气压力值的修正后方可使用。如补偿式微压计检定和使用时，需要利用最大允许误差不超过 ±2.5hPa 的气压表，对检定环境空气密度测量后进行示值修正；检定砝码时，需要根据气压和温湿度的测量结果进行空气密度偏移量和空气浮力修正，或作为一个不确定度来源参与合成标准不确定度的计算；闪点测定仪校准时，需要通过分辨力不低于 1hPa 的气压表将气压范围为 980hPa ~ 1047hPa 下的闪点测量结果修正到标准大气压力（1013hPa）下的闪点值。

第9章　真空压力计

9

9.1　真空计量基础知识

1. 真空计量概述

真空计量就是真空度的计量，而真空度是指低于大气压力的气体稀薄程度。以压力表示真空度是由于历史上沿用下来的，并不十分合理。压力高意味着真空度低，反之，压力低与真空度高相对应。

用以探测低压空间稀薄气体压力所用的仪器称为真空计。本章所述真空压力的测量是指比大气压力小得多的气体压力测量。

压力是一个力学量，为单位面积所承受的力。大气压力为101325Pa，直接测量这样大的压力是容易的，但在真空技术中，测量这样大的压力是比较少的。真空技术中遇到的气体压力都很低，如有时要测量10^{-10}Pa的压力，这样极小的压力用直接测量单位面积所承受的力是不可能的。因此，测量真空度的办法通常是在气体中造成一定的物理现象，然后测量这个过程中与气体压力有关的某些物理量，再设法间接确定出真实压力来。

真空计种类繁多，工作原理各异，除极少数几种是直接测量压力外，其他都是间接测量压力的。

被测量气体除少数情况外，多为混合气体。上述压力测量是指混合气体全压力测量。在近代真空测量技术中，分压力测量越来越重要。这里所说的分压力测量是指全面地测出混合气体各组成成分的分压力。这样，混合气体的全压力就等于其各组成成分的分压力之和。

现代分压力真空计都属于电离类，即先将气体电离，然后将所得的各成分离子加速，再把离子引进分析器，将离子分开，分别测出各成分离子流强度，便可知气体的成分和数量。分析器有磁的、电的、电磁结合的和其他方式等。有时只需知晓被测系统残余气体成分和相对含量，并不要求测出分压力值，这种仪器称为残余气体分析仪。

真空的压力测量必须对真空计进行校准。因为多数真空计是通过与压力有关的物理量来间接反应压力的，而不能直接通过真空计有关参数计算求得压力值。这种真空计必须用标准真空计或能产生已知低压的校准装置进行校准。可以说，真空计校准是真空测量的基础，是发展真空测量的有力工具。

真空计量器具分三类：计量基准器具、计量标准器具和工作计量器具。前两类用于复现和传递真空度量值，统一全国真空量值；而后一类是在现场应用。三种计量器具的不确定度依次增加。

综上所述，真空计量与其他压力计量一样，其基本任务是建立真空基准、标准、量值传递体系，以及研究计量方法和仪器设备制造工艺，确保真空量值准确可靠和量值统一。

2. 真空度的表征及计量单位

用压力表示真空度是由历史上采用 U 形压力计测量真空所形成的，这并不十分合理。

在一般真空系统中，通常以各向同性的中性气体的压力这一流体静力学的物理量表示真空度，因此，真空度的测量仅仅归结于压力的测量。但特别应注意测量条件。测量的对象是在有限的容器内、静止（随机运动）、稳态、各向同性单一的中性气氛。在这种情况下，麦克斯威速度分布、余弦散射定律和流体静力学压力概念（$p=nkT$，$v=\frac{nc}{4}$，$p=\rho gh$）都较好地符合客观实际，真空度的测量也比较简单容易。

根据真空度的定义，真空度最好用分子密度 n 表示，而以压力表示真空度与此并不矛盾。测量压力时，一般气体处于平衡态并满足麦克斯威速度分布定律，即 $p=nkT$ 成立，其中 k 为玻尔兹曼常量，$k=1.38\times10^{-23}\mathrm{J\cdot K^{-1}}$。因为测量时气体温度 T 一定，所以气体压力 p 正比于分子密度 n。也就是说，此时压力是分子密度的量度，所以可以用压力表示真空度。

在空间研究中，研究对象是无限空间运动（$1\mathrm{km\cdot s^{-1}}\sim10\mathrm{km\cdot s^{-1}}$或更高）、非稳态、综合环境作用下的复杂气氛，此时麦克斯威速度分布定律和余弦散射定律就不一定成立，所以压力也失去了原来的物理意义，真空度的测量就比较复杂和困难了。

在一般情况下，以压力表示真空度是流行、沿用的，但也不是唯一的，还可以用如下参数表示真空度。

粒子密度 n：

$$n=\frac{p}{kT} \tag{9-1}$$

分子平均自由程 $\overline{\lambda}$：

$$\overline{\lambda}=\frac{1}{\sqrt{2}\pi nd^2} \tag{9-2}$$

式中　d——分子有效直径。

碰撞次数 z：

$$z=\frac{\overline{c}}{\overline{\lambda}} \tag{9-3}$$

式中　$\overline{c}$——分子的平均速度。

覆盖时间 τ：

$$\tau=\frac{4a}{n\overline{c}} \tag{9-4}$$

式中　a——1m^2单分子层数。

相对真空度百分数 δ 的表示方法为

$$\delta=\frac{p_0-p}{p_0}\times 100\% \tag{9-5}$$

式中　p_0——标准大气压（Pa）。

当真空度很高时，即分子密度很小时，统计涨落十分明显，如真空度为 10^{-12}Pa 时，统计涨落已大于 5×10^{-2}Pa，压力已失去真实意义。由此看来，在某些情况下，压力只是其他参考量的相对指示而已。

根据气体分子对表面碰撞而定义的气体压力，是碰撞单位表面积气体分子动量垂直分量的时间变化率，即单位面积上所受的力，单位为帕斯卡（Pascal），简称帕（Pa）。因此，真空度的法定计量单位也是帕斯卡，但需要注意的是，压力计量一般情况下表示的是表压力，而真空计量表示的是绝对压力。在真空计量中，对真空度小于 0.1Pa 的情况，常用负指数来表示。如 $0.05\text{Pa}=5\times10^{-2}\text{Pa}$，$0.0005\text{Pa}=5\times10^{-4}\text{Pa}$。这样就可以根据负指数的大小来区别真空度的大小。负指数绝对值越大，表明真空度越高。如果有两个真空度数值进行比较，通常根据负指数大小来称为差多少个数量级。如 5×10^{-2}Pa 和 5×10^{-4}Pa，可以说后者比前者真空度高两个数量级。

历史上，最先使用毫米汞柱（mmHg）来作为真空度的计量单位。后来为了方便，德国最早将 mmHg 命名为 Torr，中文称为托。1958 年，美、英、法、日、意等国一致同意采用托作为真空度计量单位。我国也曾普遍使用这个单位，它与帕斯卡的换算关系为：1Torr ＝133.322Pa。

低真空计量时，有时也用“真空度百分数”表示，比如水环式真空泵、往复式真空泵和直排大气罗茨真空泵测量时常用此单位表示真空度。

3. 真空计量检定系统框图

如图9-1所示，真空计量一般采用比较法进行量值传递。

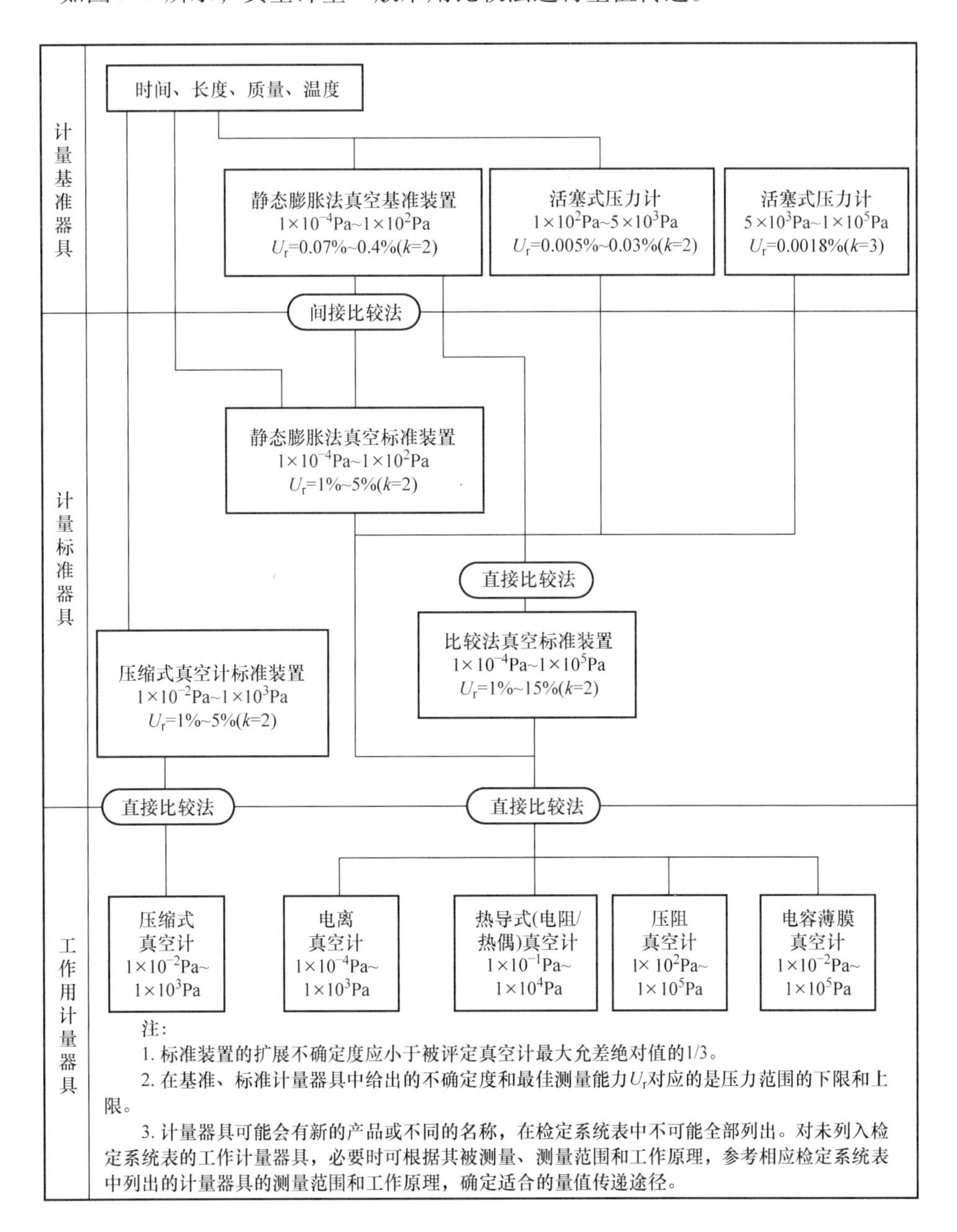

图9-1　真空压力计量检定系统框图

U_r—相对扩展不确定度　k—扩展因子，为获得扩展不确定度，对合成标准不确定度所乘的大于1的数

9.2 真空压力计的分类与技术指标

1. 真空压力计的类型

(1) 按真空度刻度方法分类　真空压力计可分为绝对真空计和相对真空计。

1) 绝对真空计。绝对真空计直接读取气体压力，其压力响应（刻度）可通过自身几何尺寸计算出来或由测力确定。绝对真空计对所有气体都是准确的且与气体种类无关，属于绝对真空计的有U形管压力计、压缩式真空计和热辐射真空计等。

2) 相对真空计。相对真空计由一些气体压力有函数关系的量来确定压力，不能通过简单的计算进刻度，必须进行校准才能刻度。相对真空计一般由作为传感器的真空计规管（或规头）和用于控制、指示的测量器组成。读数与气体种类有关。相对真空计的种类很多，如热传导真空计和电离真空计等。

(2) 按真空计测量原理分类　真空压力计可分为直接测量真空计和间接测量真空计。

1) 直接测量真空计。这种真空计直接测量单位面积上的力，类型一般有静态液位真空计和弹性元件真空计两种。静态液位真空计是利用U形管两端液面差来测量压力的；弹性元件真空计是利用与真空相连的容器表面受到压力的作用而产生弹性变形来测量压力值大小的。

2) 间接测量真空计。压力为10^{-1}Pa时，作用在$1cm^2$表面上力只有10^{-5}N，显然测量这样小的力是困难的；但可根据低压下与气体压力有关的物理量的变化来间接测量压力的变化。属于这类的真空计有以下几种：

① 压缩式真空计。其原理是在U形管的基础上再应用波意耳定律，即将一定量待测压力的气体，经过等温压缩使之压力增加，以便用U形管真空计测量，然后用体积和压力的关系计算被测压力。

② 热传导真空计。它利用低压下气体热传导与压力有关这一原理制成，常用的有电阻真空计和热偶真空计。

③ 热辐射真空计。它利用低压下气体热辐射与压力有关原理制成。

④ 电离真空计。它利用低压下气体分子被荷能粒子碰撞电离，产生的离子流随电力变化的原理制成，如热阴极电离真空计、冷阴极电离真空计和放射性电离真空计等。

⑤ 放电管指示器。它利用气体放电情况、放电颜色与压力相关的性质来判定真空度，一般仅能作为定性测量。

⑥ 黏滞真空计。它利用低压下气体与容器壁的动量交换即外摩擦原理制成，如振膜式真空计和磁悬浮转子真空计。

⑦ 场致显微仪。它以吸附和解吸时间与压力关系计算压力。

⑧ 分压力真空计。它利用质谱技术进行混合气体分压力测量，常用的有四极质谱计、回旋质谱计和射频质谱计等。

2. 真空压力计的原理和结构

（1）弹性元件真空计（表）　利用弹性元件在压差作用下产生弹性变形的原理制成的真空测量仪表称为弹性元件真空表。在结构和外形上与工业用压力表类似，一般用于粗、低真空的测量，测量范围为 10^2 Pa ~ 10^5 Pa。根据变形弹性元件材料进行分类，这类真空计通常有弹簧管式、膜盒式和膜片式，其结构如图 9-2 所示。

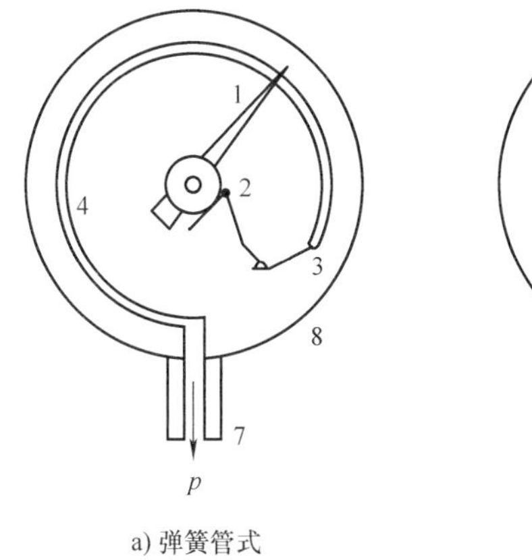

a) 弹簧管式

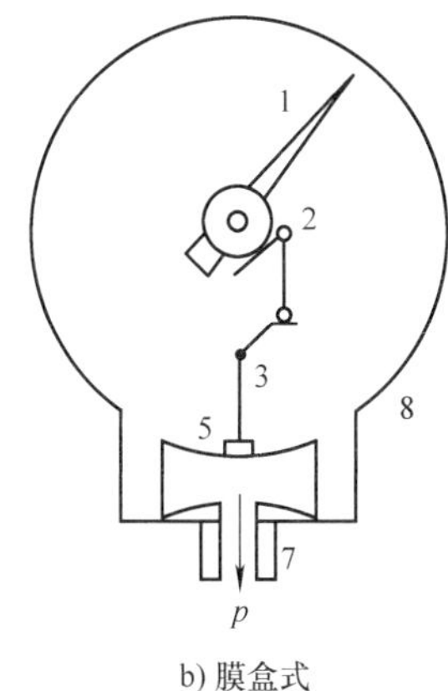

b) 膜盒式

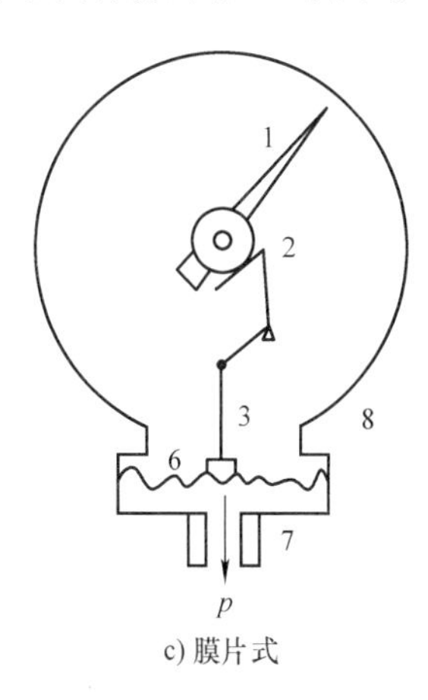

c) 膜片式

图 9-2　弹性元件真空表的结构示意图

1—指针　2—齿轮传动机构　3—连杆　4—弹簧管

5—膜盒　6—膜片　7—螺纹接头　8—外壳

弹性元件真空表性能稳定，其测量精度有 0.5 级、1.5 级和 2.5 级几种。在工业生产中有些设备需要既测量正压（高于 1atm），也要测量负压（低于 1atm，即真空状态），因此制成的弹性元件压力真空表，在同一条表盘刻度上同时刻有正压力和真空度。

弹性元件真空表主要特点如下：

1）测量结果是所处空间气体和蒸气的全压力，并与气体种类、成分及其性质无关。

2）测量过程中，仪表的吸气和放气很少，同时仪表内部没有高温部件，不会使油蒸气分解。

3）测量精度较高。

4）反应速度较快。

5）结构牢固，选用适当材料能测量腐蚀性气体。

6）为绝对真空计，准确度等级0.5级以上时可作为标准表。

（2）热传导真空计　它是根据在低压力下，气体分子热传导与压力有关的原理制成的。其原理如图9-3所示。它是在一玻璃管壳中由边杆支承一根热丝，热丝通以电流加热，使其温度高于周围气体和管壳的温度，于是在热丝和管壳之间产生热传导。当达到热平衡时，热丝的温度取决于气体热传导，因而也就取决于气体压力。如果预先进行了校准，则可用热丝的温度或其相关量来指示气体的压力。

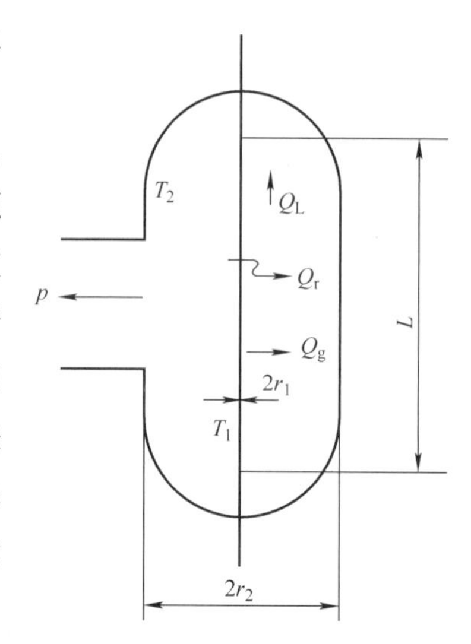

图9-3　热传导真空计原理

r_1—热丝半径　r_2—管壁半径

L—热丝长度　T_1—热丝温度

T_2—管壁温度

Q_L—热丝引线热传导散热的热量

Q_r—热辐射散热的热量

Q_g—气体分子热传导散热的热量

图9-3所示热传导真空计规管中热丝热量散失，只有Q_g在低压力下与压力有关，而Q_L和Q_r均与压力p无关，可简写成

$$Q = K_1 + K_2 p \tag{9-6}$$

式中　K_1、K_2——常数。

热传导量Q与压力p的关系如图9-4所示。

式（9-6）表明，当$K_1 < K_2 p$时，即$Q_L + Q_r < Q_g$时，总的热量散失Q只与压力p有关，即Q与Q_g有关。它表明，在一定的加热条件下，可根据低压力下气体分子热传导，即气体分子对热丝的冷却能力作为压力的指示。这就是热传导真空计的基本工作原理。

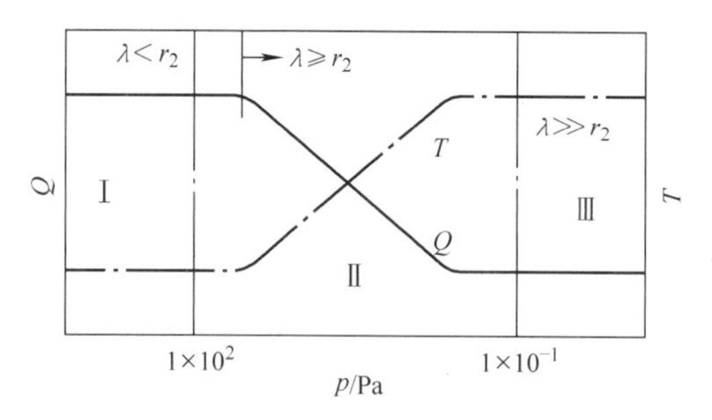

图9-4　热传导量Q与压力p的关系

λ—气体平均自由程　T—热丝温度

热传导真空计规管热丝的温度T_1是压力p的函数（见图9-4），即$T_1 = f(p)$。如果预先测出这个函数关系，便可根据热丝的温度T_1来确定压力p。热丝温度的测量方法及相应真空计有以下三种：

1）利用热丝随温度变化的线膨胀性质而制成的真空计称为膨胀式真空计。

2）利用热电偶直接测量热丝的温度变化而制成的真空计称为热偶真空计。

3）利用热丝电阻随温度变化的性质而制成的真空计称为电阻真空计。在电阻真空计中也有用热敏电阻代替金属热丝的，此种真空计称为热敏电阻真空计。其灵敏度较高，但稳定性较差。

热偶真空计和电阻真空计是目前粗真空和低真空测量中用得最多的两种真空计。热传导真空计是相对真空计，常常在标准环境下，用绝对真空计或用校准系统进行校准。

受气体种类的影响，热传导真空计对不同气体的测量结果是不同的，这是由于不同气体分子的热导率不同引起的。因此，在测量不同气体的压力时，可根据干燥空气（或氮气）刻度的压力读数，再乘以相应的被测气体相对灵敏度，就可得到该气体的实际压力，即

$$p_{\mathrm{real}} = S_{\mathrm{r}} p_{\mathrm{read}} \tag{9-7}$$

式中　p_{read}——以干燥空气（或氮气）刻度的压力计读数（Pa）；

p_{real}——被测气体的实际压力（Pa）；

S_{r}——被测气体对空气的相对灵敏度。

通常以干燥空气（或氮气）的相对灵敏度为1，一些常用气体与蒸气的相对灵敏度见表9-1。

表9-1　一些常用气体与蒸气的相对灵敏度

气体或蒸气	S_{r}	气体或蒸气	S_{r}
空气	1	一氧化碳	0.97
氢	0.67	二氧化碳	0.94
氦	1.12	二氧化硫	0.77
氖	1.31	甲烷	0.61
氩	1.56	乙烯	0.86
氪	2.30	乙炔	0.60

（3）热阴极电离真空计　电子在电场中飞行时从电场获得能量，若与气体分子碰撞，将使气体分子以一定概率发生电离，产生正离子和次级电子。其电离概率与电子能量有关。电子在飞行路途中产生的正离子数，正比于气体密度 n，在一定温度下正比于气体的压力 p。因此，可根据离子电流的大小指示真空度。这就是电离真空计的工作原理。

由灯丝加热提供电子源的电离真空计称为热阴极电离真空计。其形式繁多，各具不同特点和适用不同的压力测量范围。

热阴极电离真空计由测量规管（或规头）和电气测量电路（真空计控制单元

和指示单元）组成。规管的功能是把非电量的气体压力转换成电量——离子电流。热阴极电离真空计规管的基本结构主要包括三个电极：提供一定数量电子电流 I_e 的灯丝 F（阴极），产生电子加速场并收集电子流的阳极 A（也称电子加速极），收集离子电流 I_i 的离子收集极 C（相对阴极为负电位）。

离子电流 I_i 与发射电子电流 I_e 和压力 p 之间的关系为

$$I_i = KI_e p \tag{9-8}$$

式中　K——规管系数（Pa^{-1}）。

在一定压力范围内，K 为一常数，若保持发射电子电流 I_e 为一恒量时，则离子电流 I_i 与压力 p 呈线性关系。当压力高到某一值时，K 值会随压力 p 而变化，这就达到了压力线性测量上限 p_{max}，它由电极的几何结构、电极间电位分布以及发射电流大小所决定。

规管系数 K 在气体压力 p 很低时仍可保持为常数，但离子电流 I_i 随压力 p 降低而减小到一定限度后，将会埋没在电离计工作时不可避免地存在着的与压力 p 无关的本底电流之中，因而达到其压力测量下限 p_{min}。这种本底电流包括 X 射线光电流等。

热阴极电离真空计按照线性压力范围的不同，主要可分成三类：第一类是普通型电离真空计，测量范围为 1×10^{-1}Pa ~ 1×10^{-5}Pa；第二类是超高真空电离真空计，测量范围为 1×10^{-1}Pa ~ 1×10^{-8}Pa，有的超高真空电离真空计的测量下限可达 1×10^{-10}Pa；第三类是高压力电离真空计，测量范围为 1×10^{2}Pa ~ 1×10^{-3}Pa。

改变规管电极结构及各电极的电参数，以及用抗氧化材料制作阴极（如铱丝涂氧化钇），可提高线性测量上限制成高压力电离真空计，压力测量上限 p_{max} 可达 100Pa 以上。图 9-5a 所示为 DL－2 型普通型热阴极电离真空计的结构，其 I_e = 5mA，K = 0.15Pa^{-1}，线性压力测量范围为 1×10^{-1}Pa ~ 1×10^{-5}Pa。图 9-5b 所示为 DL－5 型真空计的电极结构。图 9-5c 所示为 DL－8 型真空计的电极结构。

栅状阳极受电子轰击产生 X 射线，离子收集极接收此射线会产生光电子发射，形成与压力无关的光电本底电流 I_x。减少 I_x 就可以降低线性压力测量下限 p_{min}，一般可采取如下四种措施：

1）从电极的几何结构上减少离子收集极被 X 射线照射的面积，这就是 B－A 型电离真空计的设计思想。

2）在离子收集极附近，安置一相对于离子收集极为负电位的电极（抑制极），可以使离子收集极表面发射的光电子被电场折回，以消除本底电流，这种方法称为光电子抑制法，如抑制电离真空计。

3）在离子收集极电流中扣除本底光电流，该方法称为离子流调制法，如调制

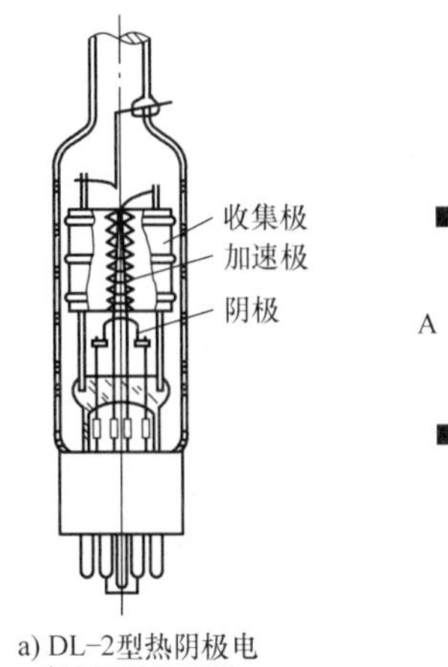

a) DL-2型热阴极电离真空计的结构

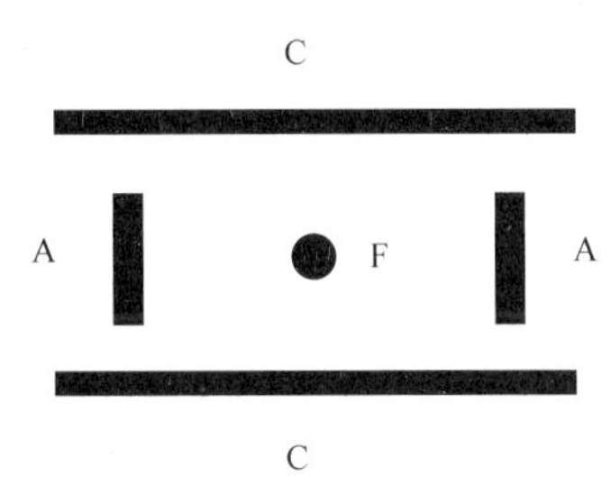

b) DL-5型真空计的电极结构

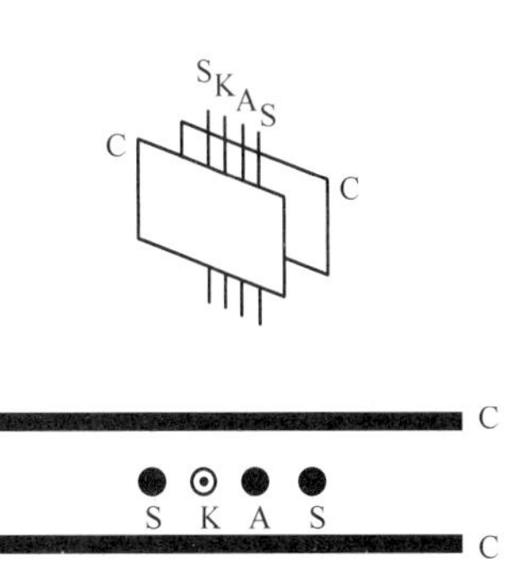

c) DL-8型真空计的电极结构

图 9-5 几种热阴极电离真空计的结构原理

A—加速极 C—收集极 F—阴极 S—辅助极

B-A 电离真空计。

4）本底光电流I_x对应的本底压力指示p_x与规管系数 K 成反比，所以提高规管系数 K 能够降低测量压力下限p_{min}，如弹道真空计和热阴极磁控管电离真空计。

由于不同气体电离截面不同，所以电离真空计的规管系数 K 与气体种类有关，根据相对灵敏度S_r概念：

$$S_r = K/K_{N_2} \tag{9-9}$$

由于电离真空计是以 N_2 校准的，若被测气体不是 N_2，则电离真空计的读数p_{read}是被测气体离子流所对应的等效氮压力，不是真实压力p_{real}。若知道被测气体相对灵敏度S_r时，其真实压力为

$$p_{real} = p_{read}/S_r \tag{9-10}$$

表 9-2 给出了电离真空计对一些气体与蒸气的相对灵敏度。

表 9-2 电离真空计对一些气体与蒸气的相对灵敏度

气体	对 N_2 的相对灵敏度S_r	气体	对 N_2 的相对灵敏度S_r
H_2	0.46	CO_2	1.53
He	0.17	干燥空气	1.0
Ne	0.25	H_2O	0.9
Ar	1.31	Hg	3.4
Kr	1.98	扩散泵油气	9～13
Xe	2.71	HCl	0.38
N_2	1.0	CH_4	1.26
O_2	0.95	CCl_4	0.70
CO	1.11	—	—

（4）冷阴极电离真空计　作为一种相对真空计，它由规管和测量电路两部分组成。图 9-6 所示为冷阴极电离真空计的原理。

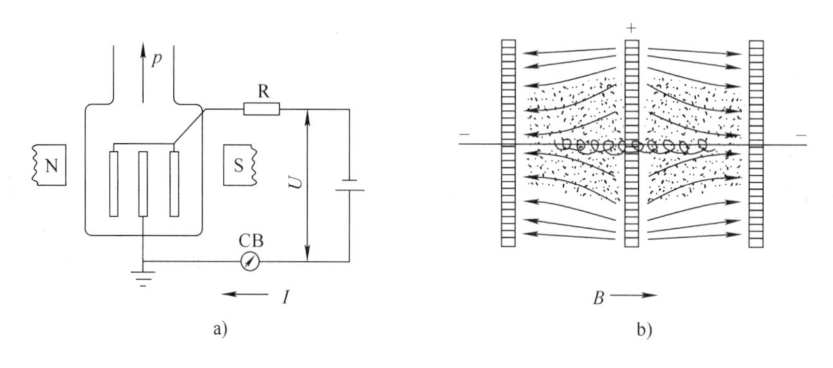

图 9-6　冷阴极电离真空计的原理

图 9-6a 所示为普通型冷阴极电离真空计的原理，其压力测量范围为 1Pa ~ 10^{-5}Pa，测量电路主要由直流高压电源和放电电流测量仪表组成。冷阴极电离真空计没有与压力无关的本底光电流，限制其下限延伸是其场致发射；测量上限主要受限流电阻及在高压力时，电子与离子复合概率增加等限制。

延伸下限制成倒置磁控管与磁控管式规管，原理如图 9-6b 所示，其 $p_{\min} = 10^{-11}$Pa。

冷阴极电离真空计没有热阴极，不怕大气冲击，但其测量误差较大。

冷阴极电离真空计与热阴极电离真空计一样，是利用低压力下气体分子的电离电流与压力有关的特性，用放电电流作为真空度的测量，由电流表 CB（作为真空度指示仪表，一般量程为 0μA ~ 100μA）指示出来，所不同的在于电离源。

热阴极电离真空计由热阴极发射电子，而冷阴极电离真空计靠冷发射（场致发射、光电发射、气体被宇宙射线电离等）产生少量初始自由电子，它们在电场的作用下向阳极运动，但由于正交磁场的存在，也将施力于运动的电子，从而改变电子的运动轨迹。在电场、磁场的共同作用下，电子沿螺旋形轨道迂回地飞向阳极（这种运动轨迹实际上是一个在阳极面上具有摆线投影的曲线），这样就大大延长了电子达到阳极的路程，使碰撞气体分子的机会增多；同时又因阳极是一个中空的环，在其中轴线附近运动的电子还可能穿过阳极环凭原有动能继续前进，而后又被带负电位的阴极排斥而折回，这样飞行中的电子可能在两阴极间往返振荡直到最后被阳极吸收为止，使电子到达阳极的实际路程远大于两极间的几何尺寸，故碰撞概率大大增加。

电子碰撞气体分子时，有一部分为电离碰撞，电离后形成的正离子在阴极上打出的二次电子，也受电场和磁场的共同作用而参与这种运动，使电离过程联锁地进行，在很短时间内雪崩式地产生大量的电子和离子，这样就形成了自持气体放电

（一般称为潘宁放电），此放电电流 I 与压力 p 有如下关系：

$$I = Kp^n \tag{9-11}$$

式中 K——常数；

n——常数，一般在 1 ~ 2 之间，与规管结构有关。

（5）电容式薄膜真空计 用金属弹性薄膜把规管分隔成两个小室，一侧接被测系统，另一侧作为参考压力室。当压力变化时，薄膜随之而变形。其变形量可用光学方法测量，也可转换为电容量或电感量的变化用电学方法来测量，还可用薄膜上黏附的应变规来进行测量。

近年来，电容薄膜真空计的发展很快，被广泛应用于科研和工业领域。电容薄膜真空计分为两种类型：一种将薄膜的一边密封为参考真空，成为“绝压式”电容薄膜真空计；另一种是薄膜的两边均通入气体，成为“差压式”电容薄膜真空计。电容薄膜真空计具有卓越的线性、较高的测量精度和分辨力。单个传感器的测量范围可覆盖 5 个数量级的压力区间，短期稳定性优于 0.1%，长期（一年）稳定性优于 0.4%。电容薄膜真空计的灵敏度与气体种类无关，可测蒸气和腐蚀性气体的压力，结构牢固，使用方便，还可作为粗、低真空的副标准和传递标准。

电容薄膜真空计的基本结构如图 9-7 所示。它由两个结构完全相同的圆形固定电极和一个公用的活动电极组成。活动电极薄膜将空间分成互相密封的测量室和参考室，固定电极和活动电极薄膜构成差动电容器并作为电桥的两个桥臂。当活动电极处于中间位置时，两个电容器的电容量相等。一旦活动电极由于压差作用偏离中间位置时，则一个电容器的电容增加而另一个电容器的电容减小。由于电容变化造成电桥不平衡，因而产生输出电压。这个电压经过放大器放大后，由检波器转换成直流电压进行测量。不同的输出电压对应于不同的压力，电容薄膜真空计就是基于这样的原理达到测量压力目的的。

电容薄膜真空计的压力测量范围与膜片的厚度、直径、材料和膜片的张力等有关。目前市场上可供选择的电容薄膜真空计包含满量程 13.3Pa、133Pa、1.33kPa、13.3kPa、133kPa、1.33MPa 和 13.32MPa 的真空压力传感器，可覆盖的压力范围为 10^{-3}Pa ~ 10^6Pa。

（6）磁悬浮转子真空计 根据磁悬浮转子转速的衰减与其周围气体分子的外摩擦有关的原理制成的真空测量仪表，称为磁悬浮转子真空计。磁悬浮转子真空计是一种新型的衰减型黏滞性真空计。虽然其原理早在 1937 年就由赫尔姆斯（Helmes）进行了描述，但直到 1973 年弗雷梅赖（Fremerey）应用一小尺寸永久磁体悬浮才真正完成了磁悬浮转子真空计的实用性，通过在转子频率信号测量方面的一些改进，于 1979 年正式投入商业使用。

磁悬浮转子真空计的结构如图 9-8 所示，规管内有一个悬浮在真空中自由旋转

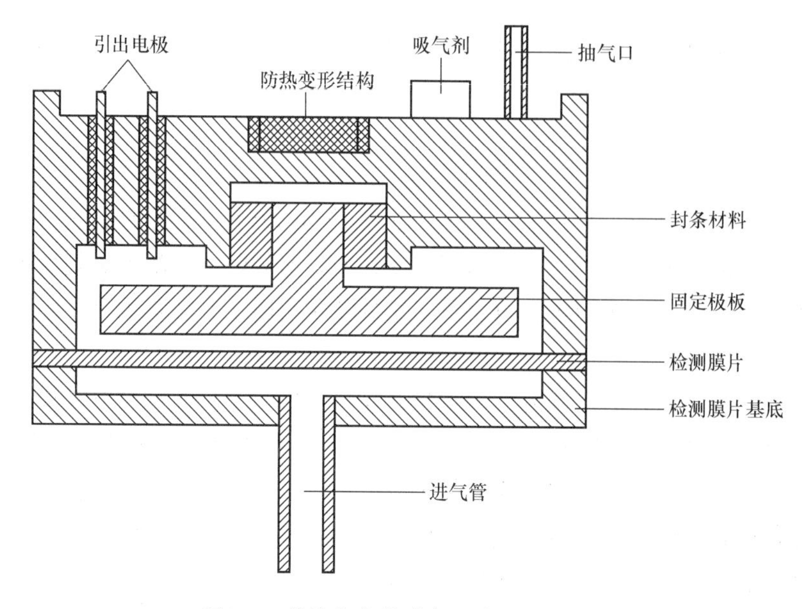

图 9-7　传统电容薄膜真空计的基本结构

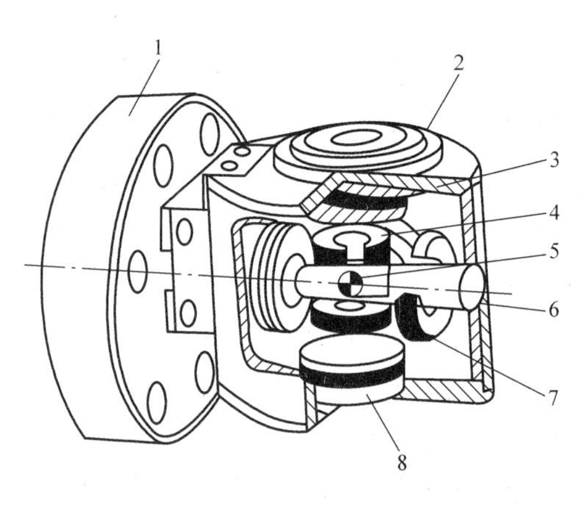

图 9-8　磁悬浮转子真空计的结构

1—连接法兰　2—水平仪

3、8—永久磁体　4—转子竖直稳定线圈

5—转子　6—管壳　7—转子旋转线圈

的直径约 4.5mm 的金属小球（转子），规管外有一对永久磁体和三组电磁线圈。转子受到的重力和永久磁体所施加的磁力相互抵消，但这种悬浮不稳定，因此一组竖直布置的电磁线圈用以调节转子的悬浮位置，使转子悬浮在稳定位置。另两组水平对称布置的正交电磁线圈采用相移 90°的双相电源供电，以形成旋转磁场，使转子加速到 410Hz 左右。当旋转磁场停止后，转子在真空中自由旋转，在气体分子的作用下转子转速将衰减，转子转速的衰减率通过一组旋转电磁线圈来测量。磁悬浮转子真空计就是利用转子转速的相对衰减率与气体压力成正比的关系来测量压力的。

由图 9-8 可见，除了用于磁悬浮转子的螺旋线圈外，在真空室下边还设置一个敏感线圈，通过伺服电路控制螺旋线圈的电流，使转子悬浮在预定高度。在真空室两侧的一对驱动线圈产生旋转磁场，驱动转子以 200rad/s ~ 400 rad/s 的速度自转。虽然转子在给定的竖直位置会自动地趋向磁场最强处（一般在竖直对称轴上），但若受外界扰动，转子将围绕轴做水平振动。图 9-8 中紧临真空室下方的阻尼钢针可使这种振动衰减。

磁悬浮转子真空计是基于气体分子对自由旋转钢球的减速作用而工作的。当钢球被驱动线圈的磁场从静止加速到 40000rad/s 的转速之后，停止驱动场，由于气体分子摩擦的积分作用引起钢球自转速度衰减，其转速衰减与气体压力 p 有着严格的对应关系。由于磁悬浮转子真空计的转子无需机械悬吊，内部没有电子、离子、热和辐射产生，测量时也不会改变气体的成分和压力，且规壳体积小（仅为几毫升），同时吸气、放气现象可以忽略，无抽气效应等，因而在测量真空压力时优点显著。

磁悬浮转子真空计是标准真空计，量程范围为 1×10^{-1}Pa ~ 7.6×10^{-5}Pa。由于它还具有很好的稳定性，是目前中高真空范围内性能最为优良的一种真空计，经常用作参考标准对其他类型真空计进行校准，或作为真空标准之间真空量值比对的传递标准。

9.3　真空压力计的计量方法

9.3.1　静态膨胀法真空计量

1910 年，克努曾最早提出静态膨胀法压力校准系统。静态膨胀校准低真空计时，因为容器壁吸气、放气不显著，校准精度较高。在高真空校准时，由于器壁吸气、放气显著，必须设法减小其影响。此方法制作简单，操作方便，运算迅速，检定效率高，且排除了汞蒸气对人的危害。

膨胀法校准是基于波意耳定律，即在恒定的温度下，一定质量的气体的压力与体积之积为一常数。

单级膨胀系统工作示意图如图 9-9 所示。首先将气源室中充有需要压力为 p_1 的校准气体，由标准真空计 G2 测量。再将校准室抽气至低于校准压力下限 2 ~ 3 个数量级。这样可略去校准室本底压力对校准的影响。每操作一次传递阀 K4，就将气源室中的压力为 p_1、容积为传递容积 V_s 的气体输送到校准室。第一次膨胀后，校准室压力为

$$p^{(1)}=\frac{V_s}{V+V_s}p_1 \tag{9-12}$$

第 n 次膨胀后，校准室的压力为

$$p^{(n)}=n\frac{V_s}{V+V_s}p_1=np^{(1)} \tag{9-13}$$

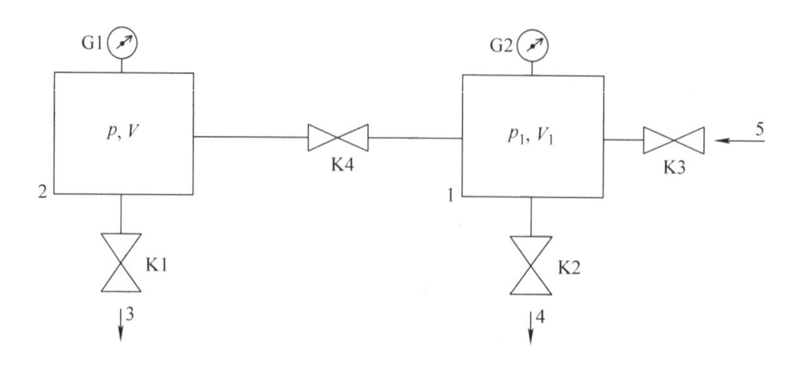

图 9-9　单级膨胀系统工作示意图

1—气源室　2—校准室　3、4—接泵　5—接校准气体

G1—被校真空计　G2—标准真空计　K1、K2、K3—真空阀　K4—传递阀（传递容积为V_0）

V—校准室容积　V_1—气源室容积　p—校准室压力　p_1—气源室压力

此方法计算简单，如果校准高真空可用双级膨胀。双级膨胀系统工作示意图如图 9-10 所示。

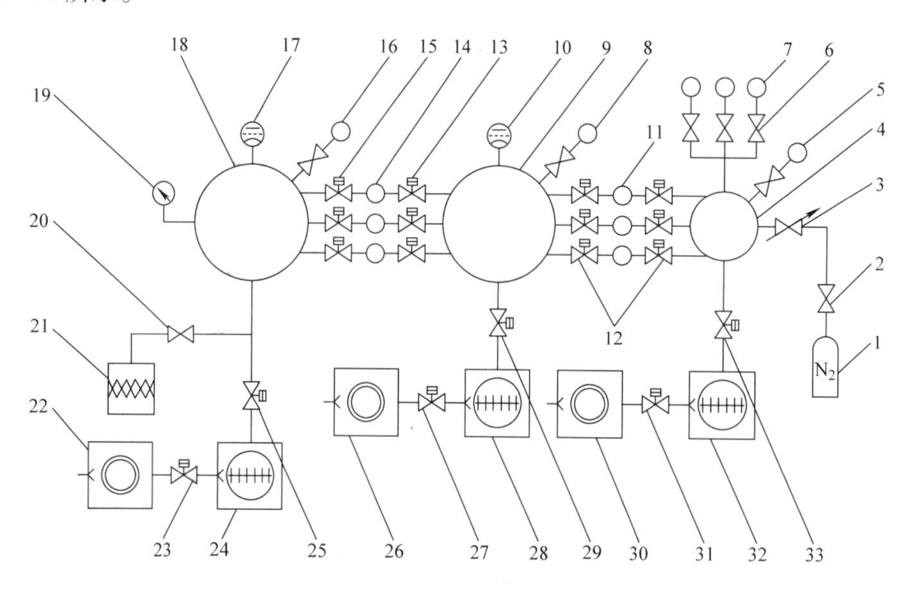

图 9-10　双级膨胀系统工作示意图

1—氮气（用户自备）　2—钢瓶阀门　3—充气针阀　4—稳压室　5—被检粗、低真空计

6—波纹管密封阀　7—标准电容薄膜真空计　8—被校电容薄膜真空计　9—一级膨胀时校准室

10—监控用全量程真空计　11—一级膨胀取样体积V_1、V_2、V_3　12、13、15—气动波纹管密封阀

14—二级膨胀取样体积V_4、V_5、V_6　16—被校高真空计　17—监控用全量程真空规

18—二级膨胀校准室　19—磁悬浮转子真空计/标准电离真空计　20—全金属角阀

21—NEG 吸气剂泵　22、26、30—前级涡旋式干泵　23、25、27、29、31、33—气动隔断阀

24、28、32—涡轮分子泵

该系统的技术参数如下：

1）测量范围：1×10^{5}Pa ~ 1×10^{-4}Pa。

2）不确定度 U：1×10^{5}Pa ~ 1×10^{3}Pa，$U=0.1\%$，比对法；1×10^{3}Pa ~ 1Pa，$U=0.2\%$，一级膨胀；1Pa ~ 1×10^{-4}Pa，$U=2\%$，二级膨胀。

3）校准室技术参数：稳压室的容积大于 20L，极限真空度优于 1×10^{-3}Pa，升压率≤1×10^{3}Pa/min；一级膨胀室的容积为 60L，极限真空度优于 1×10^{-6}Pa，升压率≤1×10^{-4}Pa/min；二级膨胀室的容积为 60L，极限真空优于 5×10^{-8}Pa，升压率≤1×10^{6}Pa/min。

4）表 9-3 给出了一、二级膨胀比设计及其测量不确定度。

表 9-3 一、二级膨胀比设计及其测量不确定度

膨胀级别	一级膨胀	二级膨胀
设计体积比	1. 标准体积：$V_1=0.6$L；$V_2=0.06$L；$V_3=0.006$L 2. 设计体积比：$k_1=1:10^2$；$k_2=1:10^3$；$k_3=1:10^4$	1. 标准体积：$V_1=0.6$L；$V_2=0.06$L；$V_3=0.006$L 2. 设计体积比：$k_1=1:10^2$；$k_2=1:10^3$；$k_3=1:10^4$
实际膨胀比测量不确定度	$U=0.2\%$，$k=2$	$U=2\%$，$k=2$

9.3.2 动态流导法真空计量

动态流导法有时也称为动态流量法和小孔法，它是建立在气流连续性原理、分子流状态和等温条件基础上的，由于是动态校准，吸气和放气的影响很小。在分子流状态下，流导公式为结构几何尺寸的函数，与压力无关。其校准下限随真空获得和小流量测量水平而延伸，是目前超高真空和极高真空的切实可行的校准方法。

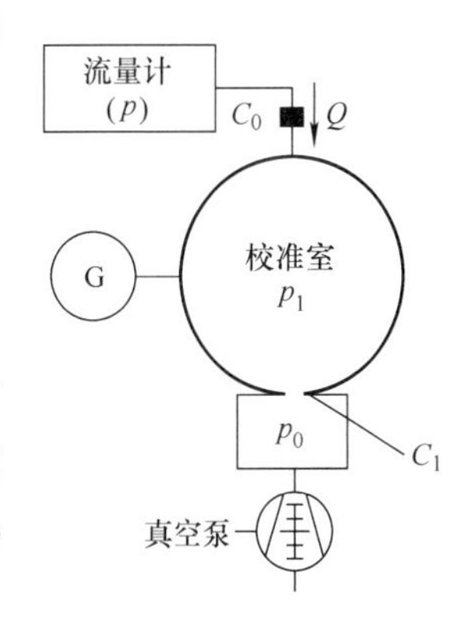

图 9-11 动态流导法校准真空计原理

动态流导法校准原理是根据气体分子运动论原理，利用薄壁小孔做标准流导产生已知低压力的。图 9-11 所示为动态流导法校准真空计原理。首先将校准室压力抽真空至校准压力下限以下 2 ~ 3 个数量级，这样计算校准压力时可忽略本底的影响。校准气体以稳定流量 Q 通过小流导 C_0，由进气管注入校准室。

气体以分子流流经一薄壁小孔并由真空系统抽除。在达到动态平衡时，在小孔上方的校准室建立起已知的

低压力 p，用它来校准真空计 G。取 K 为流导比，R 为反流比，则校准室的压力计算公式为

$$p_1 = p\frac{C_0}{C_1} + p_0 = pK(1+R) \tag{9-14}$$

由于系统的有效抽速比小孔流导大很多，故使得小孔下游的压力小。系统设计高真空泵抽速 S 尽量远大于孔板流导C_1，使得校准室压力大于孔板下游室真压力，从而反流比 R 尽量接近或小于1%，这样尽量减小反流比测量不确定度造成的系统不确定度影响。根据式（9-14）就可以计算出校准室压力来。

由于很难测定微小的流量，也就直接限制了校准压力下限。采用分流的办法，能扩展压力校准下限，这就是二级动态流导校准法。如图 9-12 所示，校准气体的流量由流量计测量。流量范围为 $10^{-7}\mathrm{Pa\cdot m^3\cdot s^{-1}} \sim 10^{-3}\mathrm{Pa\cdot m^3\cdot s^{-1}}$，其测量精度可达 ±0.5%，压力校准范围为 $10^{-5}\mathrm{Pa} \sim 10^{-1}\mathrm{Pa}$。

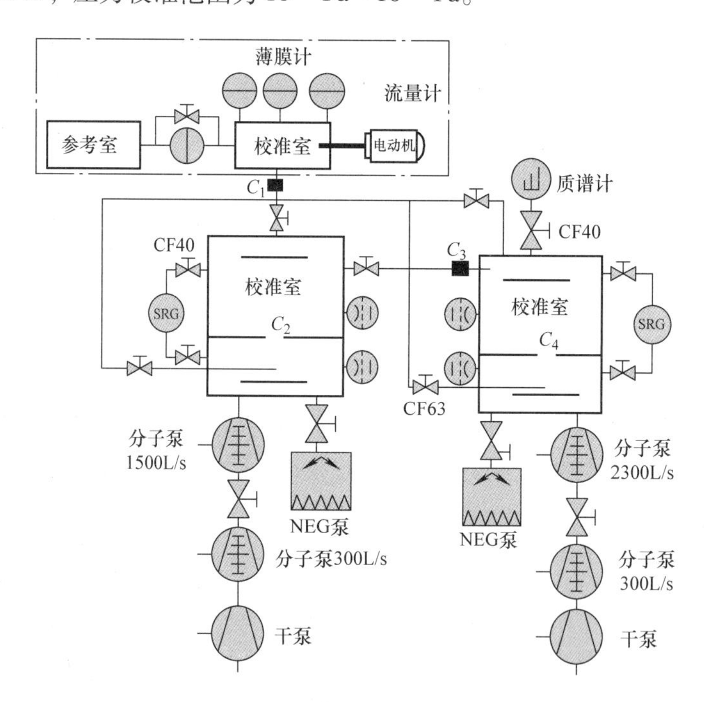

图 9-12　二级动态流导法校准真空计示意图

9.3.3　标准真空计比对法真空计量

标准真空计比对法校准系统分为静态比对和动态比对两种方式，两种方式具体要求不同，对装置的要求也不同。两种校准方式适应不同的量程范围。一般热传导真空计、薄膜真空计、电阻真空计等中低真空量程的真空计多采用静态比对，对高

真空电离真空计多进行动态比对方式进行校准。常用比对法真空标准装置外形如图9-13所示。

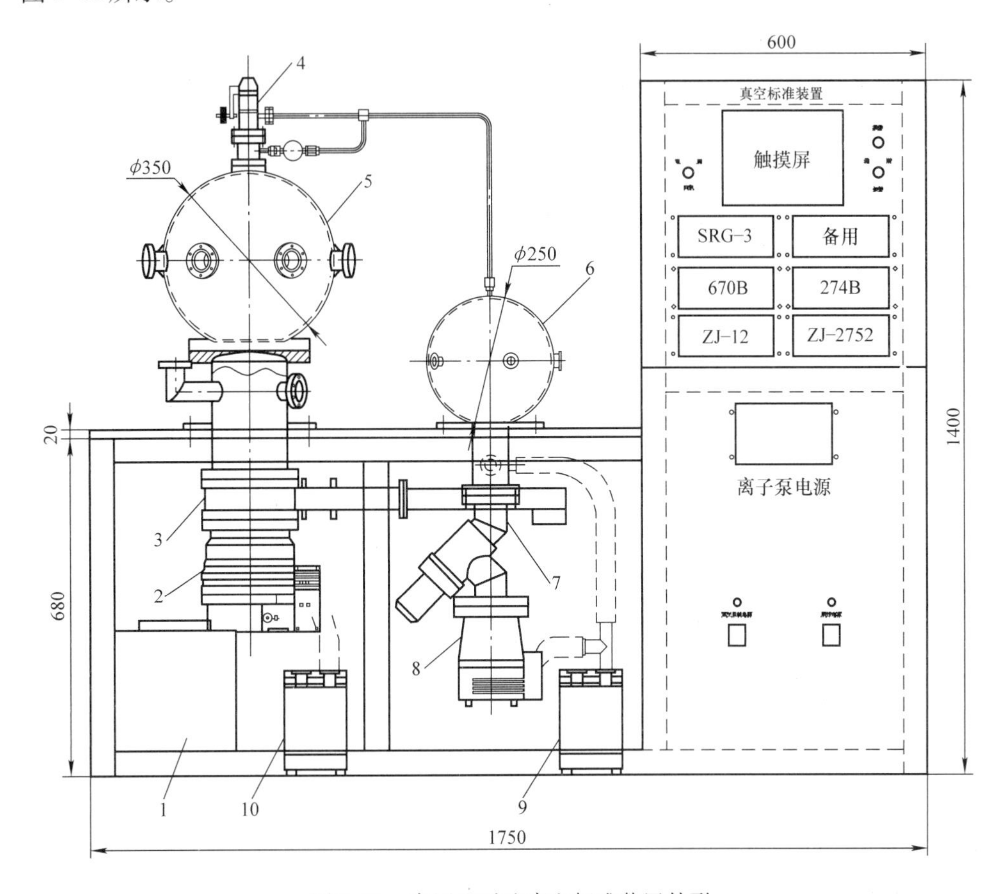

图9-13　常用比对法真空标准装置外形

1—机架　2—分子泵1　3—气动插板阀　4—面密封微调阀　5—高真空校准室

6—中低真空校准室　7—气动挡板阀　8—分子泵2　9—前级机械泵1　10—前级机械泵2

该系统可根据客户具体需求情况以及目前真空计量的发展，选择不同的真空泵阀和标准器配置方案。该方案功能齐全，可操作强，符合相关真空标准要求，易于开展业务。标准真空计比对法真空计量技术指标见表9-4。

表9-4　标准真空计比对法真空计量技术指标

序号	校准范围	最大允许误差/准确度等级/不确定度	原理	压力稳定性能
1	1Pa～133.32kPa	不大于：±0.5%RDG	静态比对	<1%/min
2	1×10^{-1}Pa～1×10^{-4}Pa（量值传递范围）	不大于：±2% RDG	动态比对	<1%/min
3	1×10^{-4}Pa～1×10^{-5}Pa	不大于：±10% RDG	动态比对	<2%/min

该系统的技术参数如下：

1）高真空校准室尺寸：球形真空室内径 ϕ350mm，体积大约为 30.5L；中低真空校准室尺寸：球形真空室内径 ϕ250mm，体积大约为 10L。

2）极限真空限。高真空部分：上球室优于 2×10^{-7}Pa，下球室达到 1×10^{-7}Pa；中低真空部分：校准室优于 5×10^{-4}Pa。

根据量程范围可选取适宜的标准真空计采用比对法进行真空计量，见表 9-5。

表 9-5 比对法真空标准装置标准真空计的选取

量程范围	标准器	描述	量程选取
10^5Pa ~ 10^{-1}Pa	电容薄膜真空计	电容薄膜真空计厂家目前主要有国外的 MKS、inficon、Canon，国内的上海振太仪表有限公司	一般量程至少覆盖最小显示真空度值可以到下限的 1%，保证测量值的不确定度不大于 5%
10^{-1}Pa ~ 10^{-4}Pa	磁悬浮转子真空计	目前唯一产品为 MKS 的 SRG－3	量程范围为 100Pa ~ 7.6×10^{-5}Pa
	标准电离真空计	目前还没有最理想的稳定的标准电离真空计产品	量程范围为 10^{-1}Pa ~ 1×10^{-4} Pa，不确定度优于 10%

综上所述，三种校准装置中，膨胀法真空标准装置和流导法真空标准装置操作难度比较大，对计量人员的真空专业技术要求高，需要专人负责。相对而言，比对法真空标准装置的溯源和操作简单，对操作人员要求相对较低，利于在省级及以下计量技术机构推广。不过对于相对真空计的校准，特别是高真空部分标准器选择非常困难，没有一个非常稳定可靠的标准电离真空计可以用来做标准器使用。目前，最稳定的为 MKS 公司的 SRG－3 磁悬浮转子真空计，其精度高稳定性好，但价格昂贵，采购和售后服务不可控。国内有相关单位正在研究磁悬浮转子真空计和标准电离真空计，希望在该领域有所突破。

目前，相对长度、质量、时间、温度等基本计量在真空计量范畴内包括校准规范、基准装置和标准装置等方面还十分不规范，需要更多的行业从业者进一步研究完善。

9.4 真空压力计的应用案例

1. 真空压力计的选购因素

各种真空压力计都有不同的问题，仅就适用的压力范围而言就相当复杂。选择真空压力计需要相当丰富的知识，选取时可按如下顺序考虑：

1）在规定的压力区域内，对真空压力计测量精度提出要求。

2）被测气体是否会损伤真空压力计，以及使用过程中真空压力计会不会给被测气体状态带来影响。

3）真空压力计是否能测全压力，是否能校准，以及灵敏度与气体种类是否有关。

4）真空压力计是否连续指示以及电气指示和反应时间的长短。

5）真空压力计的稳定性、复现性、可靠性和使用寿命。

6）真空计的规格、安装方法、操作性能、保修情况、管理方法、市场情况以及购买的难易程度等。

除考虑上述问题外，还需要查阅参考书、样本指标或直接向生产厂家、供应商咨询。

2. 真空压力计的应用领域案例

（1）航天领域环境模拟装置的真空度测量　真空科学与航天技术密切相关的主要环节来自于空间的环境模拟，因为运载火箭、人造卫星、载人飞船、空间站、宇宙探测器以及航天飞机等各种空间飞行器，在空间飞行的过程中都是在宇宙的自然真空中进行的。因此，它们除了直接受到空间真空环境的影响外，还要受到太阳辐射、各种带电粒子及温度的影响。这些因素将造成材料性能的改变或损伤，以及仪器灵敏度的失灵，从而会破坏这些飞行器的工作，甚至会造成宇航员的伤亡。

因此，在地面上建立模拟空间环境的宇宙空间模拟实验装置，是非常必要的。因为只有在各种飞行器上天之前通过地面的模拟实验，掌握航天器在空间工作的条件和特性，消除飞行中的各种隐患，才能确保飞行器及宇航员的安全。为了满足这些要求，目前在地面上建立起的各种模拟装置较多。

表9-6给出了几种主要模拟装置的实验内容及其对真空度的要求，供读者参考。

表9-6　模拟装置的实验内容

分类	模拟实验内容	实际真空度/Pa	真空计类型
火箭发动机	火箭发动机空间点火和再起动、热平衡发动机推力测量和全尺寸燃烧、羽流效应燃料在真空中的性质、太阳谱模拟及飞行器振动等	$10^{-1} \sim 10^{-8}$	超高真空电离真空计

（续）

分类	模拟实验内容	实际真空度/Pa	真空计类型
宇航员训练密封舱	空间环境适应性（失重、生理变化、生活规律等）、飞行事故处理能力训练、宇航服性能等相关宇宙医学研究	$10^2 \sim 1$	电容薄膜真空计或热传导真空计
离子推力器	离子推力器性能研究	$10^{-4} \sim 10^{-5}$	电离真空计
材料及元件研究	温控材料、太阳能电池、飞船隔热材料、耐高温材料、润滑材料、光学斑、消旋轴承等方向研究	$10^{-1} \sim 10^{-6}$	电离真空计
热真空实验	卫星、飞船的部件及整体性能研究	$10^{-4} \sim 10^{-5}$	电离真空计
卫星表面带电模拟	为了防止卫星和飞船表面介质产生不均匀现象，进而影响卫星正常工作，对研究材料进行充电、放电及防护，使得卫星表面带电的相关模拟实验	$10^{-3} \sim 10^{-5}$	电离真空计

（2）冶金领域的真空度测量　在真空中对金属及其合金进行真空冶金范围很广，包括真空蒸馏、矿石及其半成品的真空分离、金属化合物真空还原、钢液炉外真空脱气和精炼、金属真空熔铸、真空烧结、真空热处理、真空钎焊及真空固态接合等多种工艺方法。真空冶金工业自 20 世纪 50 年代发展以来之所以得到极为广泛地应用，是因为真空环境在冶金过程中具有一系列的特点所致。

首先，真空环境中物质与残余气体分子间的化学作用十分微弱，因此非常适宜对黑色金属、稀有金属、超纯金属及其合金、半导体材料的熔炼和精制。

其次，在真空环境中可通过降低单一气体分子的分压强，达到钢液脱气精炼、真空碳脱氧的目的。真空环境的另一个特点还在于它在较低的温度下，具有进行一定的反应能力，例如在同样温度下，有些反应过程在大气中则难以进行，但是在低压下就十分容易。这就是真空化合物分解和有色金属冶炼的基本原理。

参考文献

[1] 全国压力计量技术委员会．补偿式微压计：JJG 158—2013 [S]．北京：中国质检出版社，2013.

[2] 全国压力计量技术委员会．工作用液体压力计检定规程：JJG 540—2019 [S]．北京：中国质检出版社，2019.

[3] 全国压力计量技术委员会．精密杯形和U形液体压力计检定规程：JJG 241—2002 [S]．北京：中国计量出版社，2002.

[4] 胡央丽，胡安伦．二等标准补偿式微压计全国比对后的问题 [J]．上海计量测试，2011 (5)：35－36；40.

[5] 李燕华，悦进．JJG 2071—2013《(－2.5～2.5) kPa压力计量器具》检定系统表解读 [J]．中国计量，2013 (9)：121－122.

[6] 杜水友．压力测量技术及仪表 [M]．北京：机械工业出版社，2005.

[7] 全国压力计量技术委员会．活塞式压力计检定规程：JJG 59—2007 [S]．北京：中国计量出版社，2007.

[8] 全国压力计量技术委员会．双活塞式压力真空计检定规程：JJG 159—2008 [S]．北京：中国计量出版社，2008.

[9] 全国压力计量技术委员会．活塞式压力真空计：JJG 236—2009 [S]．北京：中国计量出版社，2009.

[10] 全国压力计量技术委员会．气体活塞式压力计：JJG 1086—2013 [S]．北京：中国质检出版社，2013.

[11] 胡安伦．JJG 159—2008《双活塞式压力真空计》检定规程实施要点 [J]．中国计量，2009 (7)：125－126.

[12] 李燕华．活塞式压力计专用砝码质量在计算和修正中的问题 [J]．计量技术，2007 (4)：50－52.

[13] 全国压力计量技术委员会．弹性元件式一般压力表、压力真空表和真空表检定规程：JJG 52—2013 [S]．北京：中国质检出版社，2013.

[14] 全国压力计量技术委员会．弹性元件式精密压力表和真空表检定规程：JJG 49—2013 [S]．北京：中国质检出版社，2013.

[15] 全国压力计量技术委员会．轮胎压力表：JJG 927—2013 [S]．北京：中国质检出版社，2013.

[16] 西安工业自动化仪表研究所．膜盒压力表：JB/T 9274—1999 [S]．北京：国家机械工业局，1999.

[17] 全国工业过程测量和控制标准化技术委员会．膜片压力表：JB/T 5491—2005 [S]．北京：机械工业出版社，2005.

[18] 林景星，孙俊峰．压力表检定与校准 [M] 北京：中国质检出版社，2018.

[19] 全国工业过程测量控制和自动化标准化技术委员会．一般压力表：GB/T 1226—2017 [S]．北京：中国标准出版社，2017.
[20] 赵学增．现代传感技术基础及应用 [M]．北京：清华大学出版社，2010.
[21] 全国压力计量技术委员会．压力传感器（静态）检定规程：JJG 860—2015 [S]．北京：中国质检出版社，2015.
[22] 全国压力计量技术委员会．压力变送器检定规程：JJG 882—2019 [S]．北京：中国质检出版社，2019.
[23] 尹瑞多，谢晓斌．进气压力传感器测量精度影响因素分析 [J]．科协论坛（下半月），2008（5）：1-2.
[24] 全国压力计量技术委员会．数字压力计检定规程：JJG 875—2019 [S]．北京：中国质检出版社，2019.
[25] 全国压力计量技术委员会．自动标准压力发生器检定规程：JJG 1107—2015 [S]．北京：中国质检出版社，2015.
[26] 唐照斌．压力表自动检定装置 [J]．自动化技术与应用，2012，31（2）：62-65；88.
[27] 蒋雪萍，潜光松．无创自动测量血压计应用技术探讨 [J]．中国医疗器械杂志，2012，36（1）：74-76.
[28] 全国压力计量技术委员会．空盒气压表和空盒气压计检定规程：JJG 272—2007 [S]．北京：中国计量出版社，2007.
[29] 全国压力计量技术委员会．数字式气压计检定规程：JJG 1084—2013 [S]．北京：中国质检出版社，2013.
[30] 李计萍．自动气象站硅膜盒电容式气压传感器技术总结 [J]．中国科技纵横，2010（6）：11.
[31] 梁如意，刘宇，聂军峰，等．基于空盒气压表温度系数的研究 [J]．计量与测试技术，2018，45（10）：24-25；27.
[32] 达道安．真空设计手册 [M]．3 版．北京：国防工业出版社，2004.
[33] 全国压力计量技术委员会．真空计量器具计量检定系统表：JJG 2022—2009 [S]．北京：中国计量出版社，2009.
[34] 中国计量科学研究院．二等标准动态相对法真空装置检定规程：JJG 729—1991 [S]．北京：中国计量出版社，1991.
[35] 全国压力计量技术委员会．电容薄膜真空计校准规范：JJF 1503—2015 [S]．北京：中国质检出版社，2015.
[36] 全国压力计量技术委员会．电离真空计：JJF 1062—1999 [S]．北京：中国计量出版社，1999.
[37] 吉林省技术监督局．工作用热传导真空计校准规范：JJF 1050—1996 [S]．北京：中国计量出版社，1996.
[38] 张以忱，等．真空系统设计 [M]．北京：冶金工业出版社，2013.
[39] 刘玉岱．真空测量与检漏 [M]．北京：冶金工业出版社，1992.